V

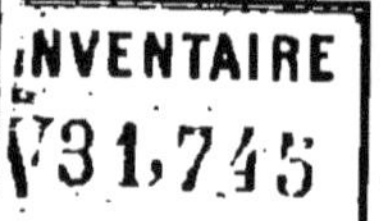

TRAITÉ

DE LA

DYNAMIQUE

D'UN

POINT MATÉRIEL

PAR

J.-B. BÉLANGER,

Professeur à l'École impériale centrale des Arts et Manufactures.
Ancien ingénieur en chef des Ponts et Chaussées et ancien professeur de Mécanique
aux Écoles impériales des Ponts et Chaussées et Polytechnique.

PARIS

DUNOD, LIBRAIRE,
Quai des Augustins, 49.

GAUTHIER-VILLARS, LIBRAIRE,
Quai des Augustins, 55.

Eugène LACROIX, LIBRAIRE,
Quai Malaquais, 15.

1864

SÉRIE DE TRAITÉS

SUR LA MÉCANIQUE

ET

SUR LES THÉORIES DE SES PRINCIPALES APPLICATIONS

A

L'ART DE L'INGÉNIEUR

———•◦•———

II

DYNAMIQUE D'UN POINT MATÉRIEL.

Paris. — Typographie HENACTER ET FILS, rue du Boulevard, 7.

TRAITÉ

DE LA

DYNAMIQUE

D'UN

POINT MATÉRIEL

PAR

J.-B. BELANGER,

Professeur à l'École impériale centrale des Arts et Manufactures,

Ancien ingénieur en chef des Ponts et Chaussées et ancien professeur de Mécanique

aux Écoles impériales des Ponts et Chaussées et Polytechnique.

PARIS

DUNOD,
LIBRAIRE,
Quai des Augustins, 49.

GAUTHIER-VILLARS,
LIBRAIRE,
Quai des Augustins, 55.

EUGÈNE LACROIX, LIBRAIRE,
Quai Malaquais, 15.

1864

AVANT-PROPOS

Ce petit ouvrage, succédant à celui que je viens de publier sur la Cinématique, est le second de la série de Traités où je m'occupe de réunir et de coordonner toutes les parties des cours de Mécanique que j'ai successivement professés depuis 1838, à l'Ecole centrale des Arts et Manufactures, à l'Ecole des Ponts et Chaussées et à l'Ecole Polytechnique, et qui n'ont reçu qu'une publicité incomplète par les autographies de résumés destinés aux seuls élèves de ces Ecoles.

La Dynamique d'un point matériel n'est qu'une partie bien restreinte de la Dynamique générale, mais elle en est la partie fondamentale, et il est bon que les jeunes gens qui se proposent de se livrer à l'étude complète de la mécanique des ingénieurs, fassent sur ces préliminaires l'épreuve de leur aptitude.

Au reste, ces premiers éléments de la science des effets des forces ne sont pas aussi arides et abstraits qu'on pourrait le croire au premier aspect, si l'on s'arrêtait à cette considération que le point matériel est un être imperceptible, qui semble par conséquent échapper à toute observation expérimentale. L'abstraction cesse au contraire, et les vérités démontrées trouvent leur application toujours intéressante, souvent utile, aux corps réels que nous observons soit sur la terre, soit dans les espaces célestes, pourvu que l'on admette, ce qui sera ultérieurement et facilement démontré, que dans un corps quelconque il existe un point géométrique, appelé son centre de gravité, qui se meut comme si toute la matière du corps y était rassemblée, et que les forces extérieures qui sollicitent ce corps y fussent transportées parallèlement.

C'est par là que l'on comprend la possibilité de résoudre des questions dont j'ai indiqué de nombreux exemples dans la deuxième section. Je crois que dans un livre il est utile de séparer ainsi les théories absolues, rigoureuses, de leurs applications fondées sur des données plus ou moins approximatives, afin qu'elles ne se confondent pas dans l'esprit des lecteurs. Mais ceux-ci feront très-bien de lire et de retrouver ensuite par eux-mêmes les solutions des problèmes posés en cet endroit, à mesure qu'ils auront acquis dans la première section les connaissances nécessaires à cet effet.

La table des matières qui suit me dispense d'entrer dans le détail de l'ordre que j'ai suivi et des diverses théories que j'ai exposées.

TABLE DES MATIÈRES

SECTION I

PRINCIPES ET THÉORÈMES.

---

51. Parallélogrammes infinitésimaux des chemins décrits et des vitesses parallèles à deux axes. — **52**. Projection du mouvement sur un axe quelconque. Théorème : *L'accélération rectiligne du mouvement de la projection du mobile sur un axe est égale à celle qu'imprimerait à un point de même masse une force égale à la projection sur cet axe de la résultante des forces actuellement agissantes.*

Equation qui exprime ce théorème $\dfrac{dv_x}{dt} = \dfrac{d^2x}{dt^2} = \dfrac{\Sigma F_x}{m}$.

Equations différentielles du mouvement d'un point

$$m \frac{d^2x}{dt^2} = X, \quad m \frac{d^2y}{dt^2} = y. \quad m \frac{d^2z}{dt^2} = Z.$$

53. Premier corollaire. — **54**. Deuxième corollaire. — **55**. Projection du mouvement sur un plan. — **56**. Force tangentielle. — **57**. Force centripète. — **58**. Cas particuliers. Mouvement : 1° Rectiligne. 2° Parabolique. 3° Curviligne uniforme. 4° Circulaire varié. Vitesse angulaire. Accélération angulaire. — **59**. Moments de la vitesse et des forces autour d'un axe. Théorème dont la formule est $\dfrac{d \mathfrak{M} v}{dt} = \dfrac{\Sigma \mathfrak{M} F}{m}$

ou bien $\dfrac{d}{dt} \left(y \dfrac{dz}{dt} - z \dfrac{dy}{dt} \right) = y \dfrac{d^2z}{dt^2} - z \dfrac{d^2y}{dt^2} = \dfrac{yZ - zY}{m}$,   etc.

60. Cas particulier où le moment de la résultante est nul. Théorème des aires.

61. L'équation du numéro 56, savoir : $\dfrac{dv}{dt} = \dfrac{R \cos (R, ds)}{m}$ donne

$$m dv = R \cos (R, ds). dt \quad \text{et} \quad mv - mv_0 = \int R \cos (R, ds). dt.$$

Théorème : *L'accroissement élémentaire ou fini de la quantité de mouvement entre deux instants est égal à l'impulsion élémentaire ou finie de la force tangentielle pendant le temps écoulé entre ces deux instants.*

62. L'équation du numéro 52 conduit de même à ce théorème analogue au précédent : *L'accroissement élémentaire ou fini de la quantité de mouvement projetée sur un axe est égale à la somme des impulsions des forces projetées sur le même axe.*

63. L'équation du numéro 59 relative au moment de la vitesse donne ce

---

SECTION II

APPLICATIONS, PROBLÈMES ET EXERCICES DIVERS.

Chap. I. Questions sur le mouvement rectiligne.

CHAP. II. **Questions sur le mouvement curviligne.**

FIN DE LA TABLE DES MATIÈRES.

ERRATA

Pages.	Lignes.	Fautes.	Corrections.
2	5	trajections	trajectoires
29	14	CF	CP
33	13	$M''N''$	$M''N'''$
»	27	R''^2	R'''^2
55	5	$\mathfrak{M}v - \mathfrak{M}v$	$\mathfrak{M}v_{\text{,}} - \mathfrak{M}v$
57	20	de cet axe	de cet axe divisée par la masse
64	11	de sa	de la
66	14	$OM = r_{\text{,}}$	$OM = r$
67	10	et le dernier	ce qui a pour conséquence de déplacer le dernier
72	12	$\dots \cos^2(N, z) = 0$	$\dots \cos^2(N, z) = 1$
98	13	B' en B	de B' en B
99	14	40	14

DYNAMIQUE

D'UN POINT MATÉRIEL

PREMIÈRE SECTION

PRINCIPES ET THÉORÈMES.

CHAPITRE I.

DU MOUVEMENT RECTILIGNE D'UN POINT MATÉRIEL.

§ 1.

NOTION DE LA FORCE. PRINCIPE DE L'INERTIE DE LA MATIÈRE. PRINCIPE DE LA RÉACTION ÉGALE ET CONTRAIRE A L'ACTION.

1. La **dynamique** (du grec Δύναμις, force, puissance) est la partie de la mécanique qui s'occupe des relations du mouvement des corps avec ses causes, appelées *forces*.

2. Points matériels. — Le mouvement le plus général d'un corps est un phénomène très-compliqué : non-seulement ce corps, considéré dans son ensemble, se transporte d'un lieu à un autre, mais en même temps il peut tourner sur lui-même, et les parties dont il se compose changent plus ou moins de distance entre elles. C'est pour simplifier notre étude que nous nous occuperons d'abord des causes et des lois du mouvement de corps de forme invariable et tellement petits que l'on puisse considérer comme se confondant toutes les trajections de leurs points géométriques. Ces corps élémentaires s'appellent des *éléments* ou *points matériels*. Les corps ordinaires ne sont que des réunions de points matériels dont les distances peuvent varier.

3. Principe de l'inertie. — On admet comme fait d'expérience et PRINCIPE FONDAMENTAL en mécanique, qu'*un point matériel ne peut ni se mettre en mouvement* (s'il est actuellement en repos), *ni changer actuellement, soit en grandeur, soit en direction, sa vitesse* (s'il en a une), *à moins qu'il ne soit sous l'influence actuelle d'une cause externe.*

Cette propriété s'appelle l'*inertie de la matière*.

La cause externe, considérée au point de vue qui va être expliqué (6), s'appelle *force*.

4. Exemples relatifs à l'inertie. — Quelques faits peuvent être cités, sinon comme preuves rigoureuses de l'inertie, du moins comme exemples de ses conséquences :

1° Des voyageurs en voiture ou en bateau, si le véhicule s'accélère ou se ralentit considérablement, y prennent un mouvement relatif résultant de ce qu'ils persévèrent dans le mouvement précédemment acquis ;

2° Lorsqu'on transporte un liquide dans un vase à large ouverture, si l'on s'arrête ou si l'on précipite tout à coup sa marche, le liquide, par la même raison, s'épanche en avant ou en arrière ;

3° Les ouvriers, pour emmancher leurs outils, font souvent un emploi utile de l'inertie ;

4° Une pierre lancée par une fronde s'échappe suivant la tangente à la courbe qu'elle décrivait à l'instant où l'une des cordes de la fronde est lâchée ; jusque-là, l'action combinée des cordes et de la pesanteur déterminait le mouvement circulaire.

5. Cas de mouvement spontané. — On pourrait objecter contre le principe de l'inertie certains faits de mouvement spontané dans les animaux et même dans les corps inorganiques. Mais la moindre attention suffit pour reconnaître que les phénomènes de locomotion, d'explosion et autres analogues, ne se produisent, ainsi que nous l'expliquerons plus tard, que comme conséquences de déformations qui sont incompatibles avec la définition du point matériel. On verra de plus alors que le principe fondamental de l'inertie, tel que nous venons de l'énoncer (2) et qui, à cause de la petitesse du point matériel, semble être une abstraction échappant à l'observation expérimentale, s'applique rigoureusement à tout corps quelconque animé ou inanimé, pour un point occupant dans ce corps une position moyenne, et appelé *centre de gravité*, lequel ne peut modifier sa vitesse en intensité ou en direction qu'en vertu d'une ou de plusieurs causes extérieures au corps dont il s'agit.

6. Force. — D'après ce que nous venons de voir, *une force est la cause nécessaire pour modifier la grandeur ou la direction de la vitesse d'un point matériel.* La sensation que nous éprouvons, lorsque par notre contact avec un corps nous modifions son état de repos ou de mouvement, produit en nous l'idée de la force plus ou moins grande que nous exerçons ; et comme d'autres circonstances que l'action de nos muscles, telles que les attractions ou les répulsions à distance, donnent lieu à des effets semblables, nous sommes conduits à abstraire de ces circonstances très-diverses la notion commune et simple que l'expérience à tout moment répétée nous a donnée de la *force mécanique.*

Pendant que la vitesse d'un point matériel augmente ou diminue, ou bien change de direction, la force nécessaire pour produire cette modification existe ; c'est ce qu'on exprime en disant que la force *agit* ou qu'elle *s'exerce* sur le point, ou qu'elle le *sollicite;* langage figuré mais clair, qui substitue la force à l'agent auquel elle est due, quel qu'il soit.

Si toute force cesse, la modification du mouvement cesse au même instant, et en vertu de l'inertie le dernier état de la vitesse subsiste. Dès lors et aussi longtemps que le corps est supposé abandonné à lui-même, comme s'il était seul dans l'univers, son mouvement devient rectiligne et uniforme; ce corps conserve sa vitesse; mais nous nous gardons de dire, à l'exemple de savants illustres, qu'il conserve sa force : ce serait attribuer à ce dernier mot un sens différent de celui que nous venons de définir et que nous y attachons exclusivement.

7. Point d'application, direction. — Toutes les forces qui existent s'exercent sur les éléments matériels dont se composent les corps. Le point matériel sur lequel agit nécessairement une force actuellement existante s'appelle *le point d'application* de cette force.

Toute force, si elle agissait seule sur un point libre de tout obstacle et supposé d'abord en repos, le ferait mouvoir suivant une certaine droite. La direction de cette droite s'appelle la *direction de la force.*

8. Résultante de plusieurs forces. — Des forces distinctes peuvent agir simultanément sur un même point matériel, et l'on conçoit bien que l'effet qu'elles produisent est identiquement celui que pourrait produire une certaine force unique. Celle-ci s'appelle la *résultante* des forces réellement agissantes, et l'on verra bientôt comment l'une se déduit des autres. La science considère ainsi, sous les noms de *résultantes,* d'*équivalentes,* etc., des forces qui sont des conceptions de notre esprit.

9. Rapports des forces. — Deux forces exercées successivement, par deux agents d'espèce quelconque, sur un corps placé chaque fois dans des circonstances d'ailleurs identiques, peuvent produire les mêmes effets, les mêmes modifications de mouvement : ces deux forces sont alors *égales*. Plusieurs forces peuvent être conçues simultanément appliquées à un même point et dans la même direction : la force unique à laquelle elles équivalent s'appelle leur *somme*. On conçoit ainsi le rapport de deux forces quelconques au moyen d'une commune mesure exacte ou approchée, et l'expression numérique d'une force quelconque au moyen d'une unité de force.

10. Une droite représente la direction et l'intensité ou grandeur d'une force. — La première extrémité désigne le point d'application. On considère souvent la *projection*, tantôt oblique, tantôt rectangulaire, d'une force sur un plan, et plus souvent sur un axe.

NOTATIONS. Trois axes non parallèles à un même plan étant désignés par Ox, Oy et Oz, les trois projections coordonnées sur ces axes d'une force F ayant une direction quelconque dans l'espace sont désignées par les notations

$$F_x, \ F_y \ \text{et} \ F_z.$$

Si, par exemple, on imagine que les extrémités d'une droite AB, représentant à une certaine échelle la force F, soient projetées sur Ox en a et b par des plans parallèles au plan directeur yOz, la droite a b décrite dans le sens allant de a en b représente en direction positive ou négative et en grandeur à la même échelle sa projection F_x.

Lorsque le plan directeur yOz est perpendiculaire à Ox, la projection F_x est dite orthogonale et s'exprime par $F \cos (F, x)$, eu égard au signe du cosinus.

11. Principe de la réaction égale et contraire à l'action. — On énonce une loi de la nature, aussi générale que celle de l'inertie de la matière, en disant avec Newton que *toute action est accompagnée d'une réaction égale et contraire.* Pour bien comprendre ce principe, il faut remarquer que toute force réellement, physiquement existante, non-seulement est subie par un élément matériel (7), mais encore est nécessairement due à l'existence simultanée d'un autre élément matériel plus ou moins éloigné, qui par conséquent doit être considéré comme exerçant sur le premier la force dont il est question. Or, le principe dont il s'agit consiste en ce que :

1° *Si un point matériel que nous nommerons* a′ *subit une force quelconque due à un autre point matériel que nous nommerons* a″, *force appelée l'action de* a″ *sur* a′, *le point* a″ *subit en même temps et nécessairement une force appelée la réaction de* a′ *sur* a″;

2° *Ces deux forces sont dirigées suivant la droite qui joint les deux points;*

3° *Elles ont même intensité;*

4° *Elles sont de sens opposés, toutes deux attractives ou toutes deux répulsives.*

Ainsi le corps que nous poussons nous repousse avec une force de même intensité; et s'il n'en résulte pas une séparation immédiate, c'est que notre main reçoit du reste de notre corps une force qui s'y oppose. Ainsi encore deux astres s'attirent avec des forces égales; et s'ils ne se précipitent pas l'un vers l'autre, cela est dû à leurs vitesses initiales de directions différentes, comme nous le verrons (*).

(*) Lorsqu'on a à considérer les forces naturelles qui s'exercent entre deux corps, on prend à *volonté* l'une de ces deux forces pour la désigner sous le nom d'action; l'autre est la réaction égale et contraire. Si, par exemple, on étudie le mouvement de la lune, tel qu'il résulte de l'attraction de la terre, cette force peut être dite l'action de la terre sur la lune, et la force égale opposée que la lune exerce sur la terre peut alors être appelée la réaction de la lune sur la terre. Ainsi en mécanique le mot réaction suppose *à priori* l'idée de l'action à laquelle la réaction est égale et opposée. Il en est autrement dans l'emploi que les chimistes font si fréquemment de ce terme.

L'action d'un corps sur un autre et la réaction de celui-ci sur le premier

L'accord complet de l'expérience avec les conséquences du principe en est la confirmation.

12. Remarque sur l'inertie et l'activité de la matière. — On voit d'après cela que le mot *inertie*, en mécanique, ne peut pas signifier inactivité, puisque toutes les parties de la matière agissent les unes sur les autres, et que même cette action réciproque est la seule manière d'être des forces de la nature. Il ne signifie pas non plus une résistance absolue à certaines forces, car la moindre force qui solliciterait seule un corps quelconque le mettrait en mouvement, ainsi que nous le montrerons plus loin. Il signifie qu'un point matériel, quoique capable de modifier l'état de repos ou de mouvement d'un autre, ne peut pas lui-même changer le sien.

13. Des divers noms donnés aux forces. — Nous avons dit que les actions mutuelles de deux points matériels sont tantôt attractives, tantôt répulsives. La notion des forces répulsives nous est très-familière dans le cas où elles s'exercent entre des corps qui se touchent, car elles sont alors analogues à celles qui naissent de ce que nous appelons notre contact avec les corps que

s'exercent sans *intermédiaire*. Nous ne pouvons donc concilier avec le langage rigoureux qu'il importe d'employer dans l'enseignement des sciences mathématiques, les notions exposées à ce sujet par un savant physicien. Prenant, entre autres, pour exemple le phénomène qui se produit dans les armes à feu, « l'inflammation de la poudre, » dit-il, « développe rapidement une grande quantité de gaz dans l'intérieur du canon ; le boulet est chassé d'une part : c'est l'action ; l'arme est repoussée de l'autre, elle recule : c'est la réaction. » L'exacte vérité est que le boulet pressé par les molécules de gaz qui l'avoisinent réagit sur elles et non sur l'arme. En même temps d'autres molécules de gaz pressent en arrière la culasse de l'arme qui réagit sur ces molécules et non sur le boulet. Enfin, ce qu'il est essentiel de remarquer, les deux forces que l'auteur cité appelle *action* et *réaction* ne sont pas tout à fait égales, et ne le deviennent dans une théorie approximative que sous la condition de négliger la masse du gaz ou de la poudre qui l'a produit.

nous comprimons : on les nomme des *pressions*. Les forces attractives à distance insensible se manifestent à nous, notamment
lorsque nous agissons sur les corps en produisant leur extension,
comme par exemple lorsque nous tendons un fil métallique; il
nous est évident que si une partie quelconque du fil ne se déta-
che pas de l'autre, c'est qu'elle est retenue par une ou plusieurs
forces que les éléments matériels de la seconde partie exercent
sur ceux de la première pour les attirer vers eux : ces forces sont
nommées *tensions*. Quant aux forces attractives et répulsives à
distance sensible, la physique nous en offre des exemples, et le
plus remarquable est le phénomène de la pesanteur, qui se mon-
tre à nous dans tous les corps que nous touchons et qui s'étend,
suivant l'immortelle découverte de Newton, à toutes les parties
matérielles de l'univers. Les forces dues à la pesanteur sur la
terre prennent le nom de *poids*, dont nous donnerons plus loin
l'exacte définition.

Nous répétons que, quelles que soient les circonstances où les
forces se produisent, circonstances que rappellent les noms de
pression, de *tension*, de *poids* et autres qu'on leur donne, elles
sont considérées en mécanique comme étant d'une seule et
même nature, parce qu'elles peuvent, quant à leurs effets, être
remplacées les unes par les autres, pourvu que leur intensité et
leur direction restent les mêmes à chaque instant.

§ 2.

DU MOUVEMENT RECTILIGNE UNIFORMÉMENT VARIÉ
PRODUIT PAR UNE FORCE CONSTANTE.

14. On peut se faire une idée d'une force constante sollici-
tant seule un corps, en imaginant que la pesanteur cesse d'exis-
ter et en supposant que le corps soit continuellement poussé ou
tiré, comme il le serait par l'intermédiaire d'un ressort qui res-
terait toujours déformé de la même manière, malgré la rapidité
que le mouvement finirait par acquérir. Le corps doit d'ailleurs,

pour réaliser cette conception d'une force unique, être complète-
ment *libre* ; c'est le terme employé pour faire entendre que ce
corps n'est sous l'influence d'aucun obstacle, d'aucun corps
exerçant sur lui une résistance ou force quelconque autre que
celle dont on recherche l'effet.

Supposons qu'un point matériel possédant, à un instant pris
pour initial, une vitesse due à des causes antérieures quelconques, subisse, à partir de cet instant, une force unique, d'une intensité quelconque, et toujours dirigée suivant la même droite
que la vitesse acquise, soit dans le même sens, soit en sens contraire ; et occupons-nous de savoir quelle espèce de mouvement
résulte de ce que la force est constante, quelle que soit d'ailleurs
son intensité.

15. La solution de cette première question repose sur le fait,
expérimental et très-simple, dont voici l'énoncé :

Lorsque tous les points d'un système matériel ont un mouvement
commun, uniforme et rectiligne, c'est-à-dire des vitesses égales et
constantes suivant des droites parallèles, si un autre point matériel
ayant à un certain instant, en vertu de causes antérieures, la vi-
tesse commune du système, est sollicité à partir de cet instant par
une ou plusieurs forces, il prend, relativement aux premiers points
formant un système invariable de comparaison, le même mouvement
que ces forces lui imprimeraient, dans le cas où le mouvement com-
mun n'existerait pas.

C'est ainsi que, sur un bateau possédant un mouvement de
translation rectiligne et uniforme, les mouvements relatifs que
nous nous donnons ou que nous imprimons aux corps emportés
avec nous sont les mêmes qu'ils seraient sous l'action des mêmes
efforts, si le bateau était en repos. Il est vrai que cette expérience n'est pas susceptible d'une exactitude bien rigoureuse,
ne fût-ce qu'à cause du mouvement varié et curviligne de tous
les points de la surface de la terre. Mais les conséquences qu'on
déduit de la loi naturelle qui vient d'être citée, se trouvant

constamment d'accord avec les faits observés, prouvent la vérité du principe.

16. Pour résoudre, à l'aide de cette loi de la nature, la question proposée, quelle que soit à un instant quelconque la vitesse v d'un point matériel, imaginons qu'il soit rapporté à un système de comparaison dont tous les points aient cette même vitesse v, suivant des droites parallèles, et la conservent uniformément. Pendant un temps déterminé Δt, le point matériel soumis à la force constante et unique qui le sollicite recevra dans ce système une vitesse relative Δv la même que si la vitesse v du mobile et du système n'existait pas, et par conséquent indépendante de cette vitesse v, mais dirigée suivant la même droite, puisque telle est la direction de la force. Si celle-ci agit dans le sens de la vitesse v, les deux vitesses Δv et v sont de même sens ; la vitesse du mobile, à la fin du temps Δt, est (d'après la règle de la composition des vitesses en cinématique) $v + \Delta v$, dans la même direction que v. Ainsi non-seulement le mouvement est rectiligne, mais pendant le temps Δt, pris à partir d'un instant quelconque, la vitesse du mobile acquiert un accroissement Δv, indépendant de v et toujours le même ; donc pendant deux durées égales, prises à compter d'instants quelconques, le corps, pourvu qu'il soit toujours soumis à la même force, reçoit des accroissements égaux de vitesse, ce qui est le caractère distinctif du mouvement uniformément varié. Si la force agit en sens contraire de la vitesse v acquise à un instant quelconque, à la fin du temps Δt, la vitesse relative est, d'après le même raisonnement, $-\Delta v$, et la vitesse absolue est $v - \Delta v$; le mouvement est encore rectiligne et uniformément varié, avec cette seule différence que l'accélération constante est de sens contraire à celui de la vitesse. Concluons :

TͪÉORÈME. *Si un point matériel possédant une vitesse initiale quelconque est sollicité par une force constante et unique, dirigée suivant la même droite que cette vitesse, son mouvement est recti-*

ligne et uniformément varié, et son accélération, indépendante de la vitesse initiale, est de même sens que la force.

La réciproque de cette proposition est évidente, car sur un même point matériel des forces différentes produiraient des variations de vitesse différentes.

Dans ces circonstances les équations du mouvement du point matériel sont, comme on sait (*Traité de Cinématique*),

$$\frac{dv}{dt} = j, \quad v = v_0 + jt \quad \text{et} \quad x = x_0 + v_0 t + \frac{1}{2} jt^2,$$

la lettre j désignant l'accélération constante de ce mouvement, quantité implicitement positive ou négative, suivant que la force est dirigée dans le sens des x positifs ou en sens contraire. D'ailleurs la grandeur de cette quantité dépend, pour un même point matériel, de l'intensité de la force, comme nous allons le voir (').

§ 3.

PROPORTIONNALITÉ DE L'ACCÉLÉRATION A LA FORCE POUR UN MÊME CORPS,

FONDÉE SUR LE PRINCIPE

DE LA COMPOSITION DES EFFETS DES FORCES.

17. Forces constantes différentes, points matériels égaux. — Cherchons à connaître l'influence de l'intensité de la force sur le corps qu'elle sollicite, et dans cette vue proposons-nous de comparer *les accélérations de deux points matériels égaux, soumis à des forces constantes différentes.* Nous entendons par *points matériels égaux* ceux qui, sollicités par des forces égales,

---

(') Le mouvement produit par la force que nous venons de considérer est continu, comme cette force elle-même. Nous n'admettons pas que celle-ci soit intermittente et agisse comme par petits chocs distincts, sans durée, à de très-petits intervalles. Cette conception, employée quelquefois par artifice de démonstration, nous ramènerait à l'hypothèse ancienne des forces instantanées, aujourd'hui généralement et justement abandonnée.

prendraient la même accélération, quelles que fussent d'ailleurs leurs propriétés physiques ou chimiques.

18. La solution de cette question est fondée sur le principe suivant, lequel ne doit pas être confondu avec celui du numéro 15, qui n'en est qu'un cas particulier. La différence consiste en ce que le mouvement commun du système de comparaison, qui est uniforme au numéro 15, devient ici un mouvement varié rectiligne quelconque.

PRINCIPE GÉNÉRAL DE LA COMPOSITION DES EFFETS DES FORCES. — *Lorsque tous les points d'un système matériel ont un mouvement commun varié et rectiligne, c'est-à-dire des vitesses égales, variables avec le temps, suivant des directions parallèles et de même sens, si un autre point matériel ayant à un certain instant la vitesse commune du système est, à partir de cet instant, sollicité tout à la fois par la force nécessaire pour le faire participer à l'accélération de ce système et par une ou plusieurs autres forces, il prend, relativement aux premiers points formant un système invariable de comparaison, le même mouvement que ces dernières forces lui imprimeraient si les vitesses et les forces qui se rapportent au mouvement commun n'existaient pas.*

Cette loi de la nature ne peut être soumise à une expérience directe et rigoureuse (*); elle est vérifiée par l'accord des con-

(*) Pour nous faire une idée nette, par un exemple, de la signification de ce principe fondamental, imaginons que nous ayons été élevés dans l'atmosphère par un aérostat; que tout à coup les cordes qui suspendaient la nacelle au ballon soient simultanément rompues; que la masse de la nacelle soit assez grande et sa coque convenablement figurée pour que la résistance de l'air à sa rapide descente soit peu sensible; ou mieux, puisqu'il s'agit ici d'une pure hypothèse, supposons même que l'atmosphère soit anéantie. Dès lors la nacelle et les corps divers qui y sont contenus tomberaient d'un mouvement commun, sans qu'aucun lien entre eux fût nécessaire pour cela; (c'est ainsi que, dans un tube où l'on a fait le vide, nous voyons tomber de petits corps de densités et de formes très-différentes, en conservant leurs distances mutuelles). Nous-mêmes, nous ne nous apercevrions nullement de notre chute, à moins que nous ne portassions nos regards vers la terre. La

séquences qu'on en tire avec les faits observés, surtout en astronomie.

Pour l'appliquer à la question proposée, considérons le cas très-particulier de deux points égaux qu'il s'agit de soumettre à des forces inégales, l'une $2F$ double de l'autre désignée par F. Si les deux points, d'abord en repos, étaient soumis seulement à deux forces F égales et parallèles, ces deux points marcheraient d'un mouvement commun et uniformément accéléré (16). Mais l'un des corps recevant en outre, dès l'instant du départ, une seconde force F, prend par rapport à l'autre corps, au bout d'un temps quelconque, une vitesse relative égale à la vitesse absolue que la force unique F imprime dans le même temps au second corps. Donc le premier possède, à un instant quelconque, une vitesse double, et par conséquent il a constamment une accélération double de celle du second.

On verra de même qu'une force triple $3F$ imprime une accélération triple de celle que produit une force simple F : le premier corps recevant dès le départ, en outre de la force F une autre force $2F$, prend par rapport à l'autre corps, au bout d'un temps quelconque, une vitesse relative qui, d'après le premier cas, est double de celle que la force unique F imprime dans le même temps au second corps. D'ailleurs ici, comme dans la première hypothèse, la vitesse absolue, à un instant quelconque, du premier point est égale à la somme de sa vitesse relative et de la vitesse absolue du point de comparaison ; elle est donc

seule sensation que nous éprouverions dans notre repos relatif serait la suppression apparente de l'action de la pesanteur sur toutes les parties de notre corps, et la disparition de la pression que nous exercions sur les appuis qui nous supportaient auparavant. Dans ces circonstances, et en vertu du principe dont il est question, si nous agissions de la main sur l'un quelconque des corps entraînés avec nous et en apparence immobiles, nous lui imprimerions le même mouvement relatif ou apparent pour nous qu'il prendrait sous le même effort si la pesanteur et le mouvement commun à la nacelle et à son contenu n'existaient pas.

triple de la vitesse due dans le même temps à la force simple F; ce rapport est donc aussi celui des accélérations des deux corps.

Ce raisonnement s'étend à tous les cas où l'une des forces est un multiple de l'autre.

Enfin, si les forces sont dans le rapport de deux nombres entiers n et n', ou représentées par nF_1 et $n'F_1$; en désignant par j_1 l'accélération que produirait la force F_1 sur l'un des points égaux considérés, on voit que les accélérations produites par nF_1 et $n'F_1$ sont nj_1 et $n'j_1$: elles sont par conséquent proportionnelles aux forces. Donc

Deux points matériels égaux, sollicités par des forces inégales constantes, suivant la direction de leurs vitesses initiales, reçoivent des accélérations proportionnelles à ces forces.

19. Force et accélération variables. — Considérons maintenant le cas d'un point matériel soumis à une force d'intensité variable, toujours dirigée suivant la même droite que la vitesse acquise, de sorte que le mouvement reste rectiligne. Soient, à la fin du temps t, v la vitesse acquise, F la force et j l'accélération constante que cette force produirait sur le point déterminé qu'elle sollicite, si l'intensité F subsistait invariablement. Soit $F + \Delta F$ la force telle qu'elle est après le temps Δt succédant au temps t, et l'on peut prendre ce temps assez petit pour que de F à $F + \Delta F$ la force aille toujours en augmentant ou en diminuant; $j\left(\dfrac{F + \Delta F}{F}\right)$ est l'accélération constante qui aurait lieu si cette seconde force s'exerçait constamment. L'accroissement réel Δv de la vitesse du mobile pendant le temps Δt est évidemment compris entre $j\Delta t$ et $j\left(1 + \dfrac{\Delta F}{F}\right)\Delta t$.

Cela posé, par analogie avec les définitions données en cinématique de la vitesse moyenne pendant un certain temps et de la vitesse à un certain instant, dans un mouvement varié quelconque, nous établissons les *définitions* suivantes :

1° *On appelle accélération moyenne d'un mouvement rectiligne* pendant le temps fini Δt, le quotient $\dfrac{\Delta v}{\Delta t}$ obtenu en divisant par ce temps l'accroissement (positif ou négatif) que la vitesse acquiert pendant ce même temps.

2° On appelle accélération à la fin du temps t la limite $\dfrac{dv}{dt}$ (positive ou négative) dont s'approche indéfiniment l'accélération moyenne $\dfrac{\Delta v}{\Delta t}$ pendant le temps Δt qui succède au temps t, à mesure que Δt approche de zéro (*).

Il en résulte que l'accélération moyenne $\dfrac{\Delta v}{\Delta t}$ due à la force variable ci-dessus spécifiée, pendant le temps Δt, est comprise entre j et $j\left(1 + \dfrac{\Delta F}{F}\right)$, et que, attendu que ΔF devient nul en même temps que Δt, l'accélération à la fin du temps t est précisément égale à j. Donc :

Théorème. *Un point matériel, sollicité par une force variable qui s'exerce continuellement dans la direction de la vitesse, reçoit, à des instants quelconques, des accélérations proportionnelles aux intensités de la force, et les mêmes que si, à compter de ces instants, la force conservait les valeurs qu'elle n'a qu'instantanément.*

20. Équilibre d'un point matériel sollicité par plusieurs forces. — Si un point sollicité par une force F reste néanmoins

(*) D'après cette définition, la signification mathématique du mot accélération n'est pas tout à fait celle qu'il a dans le langage vulgaire, où il signifie augmentation de vitesse, tandis qu'il exprime ici une variation de vitesse comparée au temps pendant lequel s'accomplit cette variation positive ou négative.

Quelques personnes emploient l'expression d'accélération de vitesse, qui semble aussi choquante que si l'on disait allongement de longueur, appesantissement de poids, etc.

en repos, il est nécessairement sollicité encore par d'autres
forces équivalentes à une seule, égale et contraire à F. Car si
l'on considère le point relativement à un système de comparaison ayant l'accélération j que la force F seule imprimerait à ce
point, on voit qu'il faut. pour le ramener au repos, que d'autres
soient capables de produire dans le même corps, si elles s'exer-
çaient séparément de la force F, une accélération égale et contraire à j.

§ 4.

NOTION DE LA MASSE. SA RELATION AVEC L'ACCÉLÉRATION
ET LA FORCE.

21. Après avoir considéré des forces de diverses intensités
appliquées successivement à un même corps, comparons les
effets des forces agissant sur des corps différents.

Si F est une force et j l'accélération qu'elle produit sur un
corps déterminé, le quotient $\dfrac{F}{j}$, quelle que soit la force, reste
constant, pourvu qu'elle s'applique au même corps (18); F_1 étant
une force quelconque et j_1 l'accélération qu'elle fait prendre à
un second corps également déterminé, le quotient $\dfrac{F_1}{j_1}$ reste
constant pour ce second corps, mais diffère en général du quo-
tient $\dfrac{F}{j}$ qui appartient à l'autre. Le rapport de $\dfrac{F}{j}$ à $\dfrac{F_1}{j_1}$ est donc
aussi constant : c'est celui de deux forces φ et φ_1 qui imprimeraient aux deux corps une même accélération J quelconque, car
on aurait $\dfrac{F}{j}=\dfrac{\varphi}{J}$ et $\dfrac{F_1}{j_1}=\dfrac{\varphi_1}{J}$, d'où $\dfrac{F}{j} : \dfrac{F_1}{j_1} :: \varphi : \varphi_1$.

Or, quand deux corps sont tels que, soumis à des forces égales, ils prennent une même accélération, et qu'ils sont par conséquent égaux sous le rapport dynamique (17), on dit qu'ils ont *la
même masse* ; mais si, pour prendre un même mouvement, deux

corps exigent des forces différentes, on dit que leurs *masses* sont proportionnelles à ces forces. Ainsi :

DÉFINITION. *Les masses de divers points matériels sont des grandeurs proportionnelles aux forces nécessaires pour imprimer à ces corps un même mouvement dans le même temps, une même accélération.*

Donc si m et m_1 désignent les masses des deux corps dont nous venons de parler, nous aurons la proportion

$$m : m_1 :: \frac{F}{j} : \frac{F_1}{j_1} \; (^*).$$

22. Choix de l'unité de masse et conséquence qui en découle. — La proportion précédente est indépendante du choix des unités de force, d'accélération et de masse. Elle se simplifie à l'aide d'une convention généralement adoptée en mécanique :

On prend pour unité de masse celle d'un corps qui, sous l'action d'une unité de force, recevrait l'unité d'accélération.

D'après cela, si dans la proportion finale du numéro 21 on fait F_1 et j_1 égales à leurs unités respectives, il faut faire en même temps m_1 égale à l'unité de masse. On a ainsi :

$$m : \text{unité de masse} :: \frac{F}{j} : \frac{\text{unité de force}}{\text{unité d'accélération}}; \text{ ou enfin } m = \frac{F}{j}$$

équation non homogène dont le véritable sens est exprimé par la proportion précédente, et qui, *moyennant la convention ci-dessus énoncée,* subsiste, quelles que soient les unités de force et d'accélération.

(*) Nous lisons dans un traité de physique que « deux corps sont dits « avoir des masses égales ou inégales, quand une même force *agit* également « ment ou inégalement sur eux. » Il nous paraît utile de faire remarquer que, d'après le sens que nous attribuons aux mots *agir* et *action*, nous ne pouvons adopter cette définition. Une même force agit également, ou plus généralement deux forces égales agissent également sur deux corps quelconques; mais elles produisent sur eux des effets inégaux, si les masses de ces deux corps sont inégales.

. Il résulte de là que, pour connaître la masse d'un corps, il suffit d'une expérience qui constate l'accélération qu'il prend sous l'action d'une force connue. Si cette force est constante, l'accélération se calcule d'après l'observation du chemin $\frac{1}{2} j t^2$ décrit sans vitesse initiale pendant le temps t.

23. En mettant pour j son expression générale $\frac{dv}{dt}$ on obtient la formule suivante, applicable à tout point dont la masse est m, sollicité dans son mouvement rectiligne par la force F :

$$\frac{dv}{dt} = \frac{F}{m},$$

d'où l'on déduit, quand la force est constante,

$$v = v_0 + \frac{F}{m} t \quad \text{et} \quad x = x_0 + v_0 t + \frac{1}{2} \frac{F}{m} t^2.$$

24. REMARQUES. Les mots *inertie* et *masse* n'expriment pas la même idée. L'inertie fait qu'une force est nécessaire pour produire ou modifier le mouvement d'un point matériel ; c'est une *propriété générale de la matière* et non une quantité. La masse plus ou moins grande d'un point matériel fait qu'une certaine force est nécessaire pour produire sur ce corps une certaine modification de mouvement ; c'est non-seulement une qualité, mais une *grandeur* propre à *chaque corps*. Dire que la masse d'un corps est sa *quantité de matière* ne serait pas une définition suffisante ; il faudrait ajouter que cette quantité se mesure par la force nécessaire pour procurer au corps une certaine accélération. Dire que la masse d'un corps n'est autre chose que le quotient numérique $\frac{F}{j}$, ce serait confondre une chose avec son expression en nombre, comme si l'on prétendait que l'étendue d'un rectangle n'est que le produit de sa base par sa hauteur.

§ 5.

DE LA PESANTEUR. UNITÉ DE FORCE. MOUVEMENT VERTICAL DANS LE VIDE.

23. Chute des corps terrestres dans le vide.—L'expérience, d'accord avec une théorie qui sera exposée au numéro 114, prouve que, si un corps est abandonné sans vitesse initiale à l'action des seules forces qui l'attirent vers la terre, sa trajectoire n'est pas tout à fait rectiligne. Par exemple, on a constaté qu'en un lieu situé à la latitude de 51°, la distance dont un corps tombé de la hauteur de 158^m,5 s'écarte de la tangente initiale de sa trajectoire est de 0^m,028 ; mais cet écartement, qui se réduit à 0^m,001 pour une chute de 11 mètres, devient insensible pour les hauteurs ordinaires. Dans ces derniers cas, le mouvement que nous observons dans un corps quelconque, et par conséquent dans un point matériel tombant dans le vide, est un mouvement *rectiligne* uniformément varié, dont la direction est appelée la verticale du lieu, et dont l'accélération, invariable pour tous les corps observés dans un même lieu, varie quelque peu pour des lieux dont la latitude et la distance au centre de la terre diffèrent beaucoup. A Paris cette accélération est d'environ 9^m,81 par seconde ; à l'équateur elle est d'environ 9^m,78.

De ce fait expérimental résultent plusieurs conséquences importantes, savoir :

1° Un point matériel tombant dans le vide est, ou plutôt nous paraît être sollicité par une force *constante* dirigée de haut en bas, suivant la verticale (nous disons *nous paraît être,* parce que les mouvements que nous observons sur la terre ne sont pas absolus, mais seulement relatifs ; et nous verrons plus loin (81) l'évaluation de la force qui sollicite réellement un corps tombant dans le vide).

DÉFINITION. *La force capable d'imprimer à un point matériel tombant dans le vide, en un lieu déterminé, l'accélération de son*

*mouvement vertical apparent, s'appelle le poids de cet élément ma-
tériel dans le lieu spécifié. La somme des poids des divers éléments
d'un corps quelconque est le poids de ce corps dans le même lieu.*

2° Si l'on désigne par g l'accélération du mouvement vertical des corps tombant dans le vide en un certain lieu, par p le
poids d'un point matériel en ce lieu, et par m la masse du même
corps, on a (22) la relation suivante continuellement employée
en mécanique,

$$m = \frac{p}{g} \quad \text{ou} \quad p = mg,$$

dans laquelle p et g varient proportionnellement suivant le lieu
de l'expérience, mais m reste constante pourvu que l'on conserve les mêmes unités de force et d'accélération, et par conséquent les mêmes unités de longueur et de temps.

3° Puisque dans un même lieu l'accélération g est la même
pour tous les corps, il résulte de l'équation $p = mg$ que les
poids de ces corps sont proportionnels à leurs masses.

4° L'accélération g variant pour tous les corps qu'on transporte d'un lieu à un autre, et leurs poids variant de la même
manière, c'est ce fait qu'on énonce en disant que g exprime
l'intensité de la pesanteur, ou bien que g est le poids du corps
qui a l'unité de masse.

26. Les poids des corps étant des forces invariables dans un
même lieu et que l'on sait comparer expérimentalement entre
elles, il est naturel de choisir un poids pour *unité* de force.

Celle qu'on adopte maintenant en France pour les applications industrielles de la mécanique est le kilogramme (1^{kg}), poids
d'un décimètre cube d'eau à la température de $4°,1$, pesé dans
le vide à Paris.

Dans le langage usuel et légal, le mot kilogramme n'a pas tout
à fait la signification que nous venons d'indiquer, puisqu'il convient à un même corps, quel que soit le lieu où on le pèse.

D'ailleurs les théorèmes de la dynamique subsistent indépendamment du choix des unités de longueur, de temps et de force, pourvu que l'on maintienne la convention énoncée au numéro 22, relativement à l'unité de masse.

27. Les forces qui agissent sur un corps tombant dans le vide le sollicitent également de haut en bas, pendant que ce corps s'élève en vertu d'une vitesse initiale. De là il résulte que les équations du mouvement vertical d'un point matériel dans le vide, quelle que soit sa vitesse initiale ascendante ou descendante, sont toujours, au moins dans les limites des expériences ordinaires,

$$\frac{dv}{dt} = g, \quad v = v_0 + gt \quad \text{et} \quad x = x_0 + v_0 t + \frac{1}{2} g t^2,$$

le sens positif des distances verticales x_0, x et des vitesses v_0, v, étant de haut en bas, ou bien

$$\frac{dv}{dt} = -g, \quad v = v_0 - gt \quad \text{et} \quad x = x_0 + v_0 t - \frac{1}{2} g t^2$$

le sens positif des distances et des vitesses étant de bas en haut.

Ces formules se simplifient quand on prend la position initiale du mobile pour origine des x, c'est-à-dire en faisant $x_0 = o$: on a

$$v = v_0 + gt, \quad x = v_0 t + \frac{1}{2} g t^2, \quad x = \frac{v_0 + v}{2} t \quad \text{et} \quad v^2 - v_0^2 = 2g$$

équations applicables à tous les cas, pourvu qu'on ait égard aux signes des distances, des vitesses et des temps. La troisième et la quatrième de ces équations se déduisent des deux premières, l'une en éliminant g, l'autre en éliminant t.

Si l'on veut considérer le mouvement d'un corps qui s'élève puis retombe, on peut simplifier encore plus les équations en prenant l'origine des x au point le plus haut où le corps s'élève et où sa vitesse est nulle. En faisant en conséquence $x_0 = o$

et comptant les x et les v positivement de haut en bas, on a

$$v = gt, \quad x = \frac{1}{2} gt^2, \quad x = \frac{vt}{2} \quad \text{et} \quad v^2 = 2gx$$

équations applicables aussi bien à la période de l'ascension qu'à celle de la descente, pourvu que l'on ait égard aux valeurs négatives du temps. On voit ainsi immédiatement :

Que les vitesses que possède le corps, quand il passe et repasse au même point, sont de sens contraires mais égales, puisqu'on a $v = \pm\sqrt{2gx}$.

Que la durée de l'ascension à la hauteur x se terminant où la vitesse est instantanément nulle et la durée du parcours du même espace en descendant sont égales, puisqu'on a $t = \pm\sqrt{\dfrac{2x}{g}}$ ou bien $t = \dfrac{v}{g}$ où il faut mettre pour v deux valeurs égales et de signes contraires.

28. h étant une hauteur quelconque, la vitesse v qui satisfait à la relation $v = \sqrt{2gh}$ ou $\dfrac{v^2}{2g} = h$ est nommée la *vitesse due à la hauteur* h; c'est la vitesse qu'un corps dans le vide acquiert en tombant de la hauteur h, sans vitesse initiale.

§ 6.

EMPLOI DES FORMULES GÉNÉRALES DU MOUVEMENT VARIÉ RECTILIGNE.

29. Les équations générales qui lient la force, l'espace et le temps, dans le mouvement rectiligne étant $v = \dfrac{dx}{dt}$ et $\dfrac{dv}{dt} = \dfrac{F}{m}$, une troisième équation distincte entre les quatre quantités $t, x, v, \dfrac{F}{m}$ est nécessaire et suffisante pour caractériser un mouvement spécial. Considérons les cas où la troisième équation

consiste dans l'expression de l'une de ces quantités en une fonction $\mathcal{F}$ d'une des trois autres, et où l'on se propose de trouver
d'autres équations analogues entre deux des quatre mêmes
quantités.

1° Si l'on a $x = \mathcal{F}(t)$, deux différentiations donneront

$$v = \mathcal{F}'(t) \quad \text{et} \quad \frac{F}{m} = \mathcal{F}''(t).$$

2° Si l'on a $v = \mathcal{F}(t)$, on en conclura $\frac{F}{m} = \mathcal{F}'(t)$, et en remplaçant v par $\frac{dx}{dt}$,

$$dx = \mathcal{F}(t)\,dt, \quad \text{d'où} \quad x - x_0 = \int_0^t \mathcal{F}(t)\,dt,$$

équation dans laquelle se trouve introduite la distance x_0 qui
sépare le mobile de l'origine des x, à l'instant où commence le
temps t, seconde limite de l'intégrale.

3° Si l'on a $\frac{F}{m} = \mathcal{F}(t)$ et par conséquent $\frac{dv}{dt} = \mathcal{F}(t)$, on en
conclura

$$v - v_0 = \int_0^t \mathcal{F}(t)\,dt = \mathcal{F}_1(t)$$

et par suite, cas précédent, $x - x_0 = v_0 t + \int_0 \mathcal{F}_1(t)\,dt.$

4° Si l'on a $v = \mathcal{F}(x)$, on en conclura, quant au temps,

$$\frac{dx}{dt} = \mathcal{F}(x), \quad \text{d'où} \quad dt = \frac{dx}{\mathcal{F}(x)}, \quad \text{puis} \quad t = \int_{x_0}^x \frac{dx}{\mathcal{F}(x)};$$

quant à la force, $\frac{F}{m} = \frac{dv}{dt}$, d'où, en éliminant le temps au
moyen de la relation $v = \frac{dx}{dt}$,

$$\frac{F}{m} = v\frac{dv}{dx} = \mathcal{F}(x)\,\mathcal{F}'(x).$$

5° Si l'on a $\dfrac{F}{m} = \mathcal{F}(x)$ et par conséquent $\dfrac{dv}{dt} = \mathcal{F}(x)$, on éliminera le temps comme tout à l'heure, et l'on aura

$$v\,dv = \mathcal{F}(x)\,dx, \quad \text{d'où} \quad \frac{1}{2}(v^2 - v_0{}^2) = \int_{x_0}^{x} \mathcal{F}(x)\,dx.$$

Si cette intégration est possible sous une forme générale, on obtiendra v^2 en fonction de x, soit $v^2 = f(x)$. On en conclura

$$v \quad \text{ou} \quad \frac{dx}{dt} = \sqrt{f(x)}, \quad \text{d'où} \quad t = \int_{x_0}^{x} \frac{dx}{\sqrt{f(x)}}.$$

6° Si l'on a $\dfrac{F}{m} = \mathcal{F}(v)$, on posera $\dfrac{dv}{dt} = \mathcal{F}(v)$,

et, en éliminant le temps, $\dfrac{v\,dv}{\mathcal{F}(v)} = dx$.

On conclura de ces deux équations

$$t = \int_{v_0}^{v} \frac{dv}{\mathcal{F}(v)} \quad \text{et} \quad x - x_0 = \int_{v_0}^{v} \frac{v\,dv}{\mathcal{F}(v)}.$$

Les quadratures indiquées ci-dessus peuvent, au besoin, s'effectuer par les méthodes d'approximation enseignées dans les traités de calcul infinitésimal.

CHAPITRE II.

DE LA COMPOSITION DES FORCES CONCOURANTES.

§ 1.

PROPRIÉTÉ FONDAMENTALE DE LA RÉSULTANTE DE PLUSIEURS FORCES CONCOURANTES.

30. Résultante de deux forces. — Plusieurs forces peuvent agir simultanément sur un même point matériel. Elles peuvent être constantes ou variables; nous les supposons d'abord constantes en intensité, et accompagnant le mobile en restant constamment parallèles à leur première direction. Le mobile peut, à un instant pris pour instant initial, avoir une certaine vitesse acquise; nous supposerons d'abord cette vitesse nulle. Nous traiterons au chapitre III le cas de plusieurs forces agissant sur un point matériel qui possède une vitesse antérieurement acquise.

Soit donc un point matériel dont la masse est m, partant sans vitesse initiale de la position A (fig. 1), sous l'action de deux forces F' et F'', dans les conditions que nous venons de dire. La recherche du mouvement qui a lieu en ce cas repose sur le principe général de la composition des effets des forces (18) qui a servi à établir la proportionnalité de l'accélération à la force dans le mouvement rectiligne.

Soit $AB = X$ le chemin que la force F', si elle était seule, ferait parcourir au mobile dans le temps t; par conséquent, d'après la dernière équation du numéro 21, en y faisant $x_0 = o$ et $v_0 = o$, on a $X = \dfrac{1}{2} \dfrac{F'}{m} t^2$.

Soit de même $AC = Y$ le chemin que la force F'', si elle agissait seule, ferait parcourir au même mobile dans le même temps; par conséquent $Y = \dfrac{1}{2} \dfrac{F''}{m} t^2$.

Cela posé, si l'on imagine un système de comparaison dont tous les points aient le même mouvement accéléré rectiligne que prendrait le mobile considéré en vertu de la seule force F', ce corps, en vertu de la force F'' prendra, relativement au système en translation, exactement le même mouvement uniformément varié qu'il prendrait si, ni le mouvement du système de comparaison ni la force F' n'existaient (18). Donc dans le même temps t que la droite AC, considérée comme une suite de points géométriques liés au système de comparaison, emploiera à se transporter en BM, droite égale et parallèle à AC, le point matériel dont il s'agit se transportera d'une extrémité à l'autre de cette droite, et se trouvera finalement en M.

On en conclut :

1° Que le mobile ne sort pas du plan déterminé par les directions des deux forces;

2° Qu'il se meut sur la diagonale du parallélogramme ayant pour côtés des droites dirigées suivant les forces et proportionnelles à leurs intensités; car l'élimination de t entre les deux expressions de X et de Y donne $\dfrac{X}{Y} = \dfrac{F'}{F''}$;

3° Que les espaces qu'il y parcourt, comptés depuis le point de départ A, sont, comme X et Y, proportionnels aux quarrés des temps t;

4° Qu'il se meut par conséquent comme s'il était sollicité par une force unique R dirigée suivant cette diagonale et satisfaisant à l'équation

$$AM = \frac{1}{2} \frac{R}{m} t^2,$$

laquelle combinée avec

$$AB = \frac{1}{2} \frac{F'}{m} t^2 \quad \text{et} \quad AC = \frac{1}{2} \frac{F''}{m} t^2,$$

donne la double proportion

$$R : F' : F'' :: AM : AB : AC.$$

Maintenant qu'on prenne sur les directions des forces F' et F'', à partir du point A, deux longueurs Ab et Ac proportionnelles à ces forces, comme le sont AB et AC; et qu'on achève le parallélogramme Abmc semblable à ABMC; les diagonales coïncideront en direction; on aura donc

$$Am : Ab : Ac :: AM : AB : AC;$$

et par conséquent

$$R : F' : F'' :: Am : Ab : Ac; \qquad \text{donc}$$

Théorème : *La force R, qui seule imprimerait à un point matériel partant du repos le mouvement qu'il prend en vertu de deux forces F' et F'', est représentée, pour l'intensité et la direction, par la diagonale du parallélogramme construit sur les deux droites qui représentent de même ces deux forces.*

La force R s'appelle la *résultante* des forces F' et F'' qui sont ses *composantes*, et la proposition qui vient d'être démontrée est connue sous le nom de *théorème du parallélogramme des forces* (*).

____

(*) Malgré l'autorité de Laplace (*Exposition du système du monde*, liv. III, chap. 1) et des géomètres de son époque, nous ne croyons pas qu'il existe

31. On peut également énoncer cette proposition, en disant que *la résultante des deux forces* F' *et* F'', *qui sont représentées en intensité et en direction par deux droites* Ab *et* Ac, *est représentée de la même manière par la droite* Am *partant de* A *et fermant un triangle,* Abm *ou* Acm, *qui a pour côtés une des deux droites* Ab *et* Ac, *et une parallèle à l'autre, dirigée en même sens.*

32. Résultante d'un nombre quelconque de forces. — Soient trois forces F', F'' et F''' appliquées à un point matériel partant du repos. Dans un système de comparaison doué du mouvement varié rectiligne que prendrait le mobile sous l'action de la force F''' seule, ce corps aura, en vertu des forces F' et F'', le même mouvement que si le système de comparaison était immobile et que ces deux forces existassent seules (18). Ce mouvement relatif est donc le même que celui qui serait produit par la force unique, résultante de F' et F'', déterminée comme on vient de le voir et qu'on peut désigner par la notation Rés (F', F''). Cela posé, le mouvement absolu du mobile résulte du mouvement d'entraînement dû à F''' et du mouvement relatif dû à Rés (F', F''); il est donc le même que s'il était produit par une force unique formée de Rés (F', F'') et de F''' suivant la règle précédente (31).

On raisonnera de même pour quatre forces, en considérant un système de comparaison doué du mouvement dû à l'une d'elles. Ainsi de suite on arrive à cette règle générale, analogue à celle de la composition des vitesses en cinématique :

Théorème du polygone des forces. *La résultante d'un nombre quelconque de forces appliquées à un même point est représentée, pour la grandeur et la direction, par la droite qui, partant de ce point, ferme un polygone dont les autres côtés sont égaux et parallèles en même sens aux droites qui représentent les composantes.*

de doute sur l'impossibilité de démontrer cette célèbre proposition *par la seule géométrie,* sans s'appuyer sur le principe de la composition des effets des forces, plus ou moins habilement déguisé sous le titre d'axiome.

§ 2.

RELATIONS ENTRE LES COMPOSANTES, LA RÉSULTANTE ET LES ANGLES QU'ELLES FONT SOIT AVEC DES AXES SOIT ENTRE ELLES.

33. Projections sur un plan. — (Fig. 2). Si la figure formée des droites AM', AM'', AM''', AM^{IV} qui représentent les forces F', F'', F''', F^{IV}, et du polygone gauche $AM'\, m''\, m'''\, M$ dans l'espace (dont les côtés $M'm''$, $m''m'''$, $m'''M$, sont respectivement égaux et parallèles à AM'', AM''' et AM^{IV}), est projetée sur un plan xOy par des projetantes parallèles à l'axe Oz quelconque, on voit que la *projection* BQ de la *résultante* AM est la *résultante des projections des composantes.*

Projections sur un axe. — On voit de même que, suivant un théorème fondamental de géométrie analytique, *la projection CF de la résultante AM sur un axe Ox par des plans parallèles à un plan directeur quelconque yOz est, pour la grandeur et le sens, égale à la somme des projections des composantes, ces projections étant prises avec le signe qui convient à leur sens.* Cette propriété très-importante est exprimée par la formule

$$R_x = F_x' + F_x'' + \dots F_x^{(n)}$$

ou, en abrégé,

$$R_x = \Sigma F_x.$$

Une droite qui part d'un point donné étant déterminée en grandeur et en direction par ses projections positives ou négatives sur trois axes coordonnés (*Géom. anal.*), on connaîtra de même une force R quand on aura, outre son point d'application, les valeurs de ses projections sur trois axes Ox, Oy, Oz, et il suffira pour cela d'avoir les sommes algébriques des projections de ses composantes ; c'est ce qui résulte des formules

$$R_x = \Sigma F_x, \quad R_y = \Sigma F_y, \quad R_z = \Sigma F_z.$$

34. Forces équivalentes. — De même qu'on peut remplacer plusieurs forces appliquées à un point par leur résultante, sans changer l'effet produit, on peut remplacer un groupe de forces F (savoir F', F'', F''' …) par un autre de forces F_1 (savoir F_1', F_1'', F_1''' …), pourvu que les deux groupes aient la même résultante ; il faut et il suffit pour cela que les deux polygones analogues à $AM'm''m'''M$ partant d'un point A aboutissent à un même point M, ce qui peut s'exprimer soit par la simple notation Rés $(F', F'' …)$ = Rés $(F_1', F_1'' …)$, soit analytiquement, en écrivant que, pour trois axes non situés dans un même plan, les sommes de projections des deux groupes sont égales. C'est ce que nous désignons en abrégé par

$$\Sigma F_x = \Sigma F_{1x}, \quad \Sigma F_y = \Sigma F_{1y}, \quad \Sigma F_z = \Sigma F_{1z},$$

ou plus simplement encore

$$\Sigma F_x = \Sigma F_{1x},$$

en énonçant que cette condition a lieu pour les projections conjuguées des forces sur trois axes non parallèles à un même plan, ce qui revient à dire qu'elle se vérifierait pour un axe quelconque.

Les deux *groupes* de forces qui, appliquées à un même point, ont la même résultante, sont dits *équivalents.*

Si aux forces de deux groupes équivalents on joint dans chaque groupe une même force, évidemment les deux nouveaux groupes seront encore équivalents : c'est une opération analogue à celle par laquelle on ajoute une même quantité positive ou négative aux deux membres d'une équation. Si la nouvelle force est égale et opposée à l'une des composantes d'un des deux groupes, la force disparaîtra de ce groupe et entrera dans l'autre avec un sens contraire. Ainsi, par exemple, de l'équivalence des deux groupes F', F'', F''' et F_1', F_1'', F_1''', on conclut l'équivalence des deux autres groupes F', F'', F''', $-F_1'$, d'une part, et F_1'', F_1''', d'autre part, en entendant que par $-F_1'$ on désigne une force égale et opposée à la force F_1' qui appartenait au second groupe. En employant la notation abrégée ci-dessus proposée, on voit que de

$$\text{Rés } (F', F'', F''') = \text{Rés } (F_1', F_1'', F_1''')$$

on conclut

$$\text{Rés } (F', F'', F''', -F_1') = \text{Rés } (F_1'', F_1'''),$$

de sorte qu'on fait passer une force de l'un des deux groupes équivalents dans l'autre en changeant sa direction, absolument de même qu'on fait passer un terme de l'un à l'autre des deux membres d'une équation en changeant son signe.

35. Parallélipipède des forces. — Lorsque l'on connaît les projections, ou seulement les sommes des projections des composantes sur trois axes coordonnés, on peut en conclure la résultante en construisant un parallélipipède dont trois côtés partant d'un même point sont les trois sommes des projections des composantes : la résultante est la diagonale partant du même point.

De là se déduit réciproquement la *décomposition* d'une force appliquée en un point O en trois autres, suivant trois droites Ox, Oy, Oz. Ces trois composantes sont les projections conjuguées de la force considérée sur les trois axes.

36. Si l'on prend trois axes conjugués, dont l'un Ox soit parallèle à la résultante, la direction de celle-ci pouvant, dans certains cas, être connue *à priori*, on en conclut les relations :

$$R = \Sigma F_x, \quad \Sigma F_y = 0, \quad \Sigma F_z = 0.$$

37. Cas des axes rectangulaires. — On a alors l'intensité et la situation angulaire de la résultante par les formules

$$R \cos (R, x) = \Sigma\, F \cos (F, x),$$
$$R \cos (R, y) = \Sigma\, F \cos (F, y),$$
$$R \cos (R, z) = \Sigma\, F \cos (F, z).$$

$$R = \sqrt{(\Sigma\, F \cos (F, x))^2 + (\Sigma\, F \cos (F, y))^2 + \Sigma (F \cos (F, z))^2}$$

dont la dernière se tire des trois autres élevées au quarré, eu égard à la relation connue qui lie entre eux les cosinus des angles qu'une droite fait avec trois axes rectangulaires. Dans ces équations la résultante R est essentiellement positive comme les forces F; les cosinus et par conséquent les projections sont pris avec leurs signes.

38. Deux forces, leur résultante et leurs angles. Si R est la résultante de deux forces F' et F'', le triangle Abm dont les côtés sont proportionnels et parallèles aux trois forces donne, d'après des formules connues de trigonométrie, et attendu que l'angle Abm est supplément de l'angle des deux forces,

$$R^2 = F'^2 + F''^2 + 2F'F'' \cos (F', F''),$$
$$F'^2 = R^2 + F''^2 - 2RF'' \cos (R, F''),$$

et

$$\frac{F'}{\sin (F'', R)} = \frac{F''}{\sin (F', R)} = \frac{R}{\sin (F', F'')}$$

c'est-à-dire que deux composantes et leur résultante sont proportionnelles aux sinus des angles qu'elles forment, chaque force ayant pour terme homologue le sinus de l'angle des deux autres.

Si les deux composantes sont égales, en désignant leur intensité par F et leur angle par α, on a (36)

$$R = 2F \cos \frac{1}{2} \alpha.$$

En général on peut se proposer, sur les trois forces F', F'' et R

et sur leurs angles, toutes les questions de la trigonométrie. On les résout soit graphiquement, soit par le calcul.

39. Forces en nombre quelconque dans un plan. — Soient les forces F', F'', F''', F^{IV}, dans un même plan. Leur résultante R^{IV} fermant le polygone AM', M'', M''', M^{IV} s'exprime en fonction des grandeurs des composantes et de leurs angles.

En effet, d'abord les triangles $AM'M''$, $AM''M'''$, $AM'''M^{IV}$ (fig. 3), donnent :

$$R''^2 = F'^2 + F''^2 + 2F''F' \cos AM'N'',$$
$$R'''^2 = F'''^2 + R''^2 + 2F'''R'' \cos AM''N''',$$
$$R^{IV2} = F^{IV2} + R'''^2 + 2F^{IV}R''' \cos AM'''N^{IV}.$$

Ensuite en remarquant :

1° que la projection de $M''A$ sur $M''N''$ est égale à celle du contour $M''M'A$, et que la projection de $M'''A$ sur $M'''N^{IV}$ est égale à celle du contour $M'''M''M'A$;

2° que l'on a

$$\cos AM'N'' = \cos(F', F''), \qquad \cos AP'N''' = \cos(F', F'''),$$
$$\cos M'M''N''' = \cos(F'', F''), \qquad \cos AQ'N^{IV} = \cos(F', F^{IV}),$$
$$\cos M'Q''N^{IV} = \cos(F''', F^{IV}), \qquad \cos M''M''N^{IV} = \cos F'''F^{IV},$$

attendu que ces angles sont deux à deux égaux, comme opposés par le sommet ; on voit que les trois équations précédentes équivalent à celles-ci :

$$R''^2 = F'^2 + F''^2 + 2F''F' \cos(F', F'')$$
$$R'''^2 = F'''^2 + R''^2 + 2F''' \left\{ F' \cos(F', F'') + F'' \cos(F'', F''') \right\}$$
$$R^{IV2} = F^{IV2} + R'''^2 + 2F^{IV} \left\{ \begin{aligned} &F' \cos(F', F^{IV}) + F'' \cos(F'', F^{IV}) \\ &+ F''' \cos(F'', F^{IV}) \end{aligned} \right\} ;$$

en les ajoutant on obtient

$$R''^2 = F'^2 + F''^2 + F'''^2 + F^{IV2}$$
$$+ 2F'F'' \cos(F', F'') + 2F'F''' \cos(F', F''')$$
$$+ 2F'F^{IV} \cos(F'F^{IV}) + 2F''F''' \cos(F'', F''')$$
$$+ 2F''F^{IV} \cos(F''F^{IV}) + 2F'''F^{IV} \cos(F'''F^{IV}).$$

Cette formule, dont la loi générale est manifeste, ne diffère de l'équation $R^2 = (\Sigma F)^2$ qu'en ce que chaque double produit de deux composantes est multiplié par le cosinus de l'angle de ces deux forces.

§ 3.

PROPRIÉTÉS DES MOMENTS DES FORCES CONCOURANTES
ET DE LEUR RÉSULTANTE.

40. L'étude des propriétés des moments des forces se rattache à l'utilité qui se présente souvent dans la mécanique de considérer une force eu égard à sa grandeur et à sa direction dans l'espace, sans s'occuper de son point d'application, ou de l'origine de la droite qui représente cette force.

Pour mettre de la précision dans notre langage, nous dirons que :

Deux droites, ou deux forces parallèles de même sens, dans l'espace ont même *situation angulaire*, parce qu'elles font les mêmes angles avec trois axes coordonnés ;

Deux droites limitées, ou deux forces situées sur un même axe indéfini, ou coïncidant avec cet axe, ont même *alignement*, quels que soient leurs origines et le sens dans lequel chacune d'elles est supposée engendrée ou agissante ;

Deux droites, ou forces de même alignement et de même sens, ont *même direction*; elles peuvent différer par l'origine et la grandeur; ainsi deux droites ou forces parallèles de même sens n'ont pas même direction, mais seulement même situation angulaire ;

Deux droites, ou forces de même alignement et de sens contraires, sont *directement opposées*.

41. **Moments autour d'un point.** — Supposons qu'une force F, représentée par AM, étant située dans un plan, on

connaisse ses projections coordonnées F_x, F_y sur deux axes concourants de ce plan. Il est aisé d'en conclure graphiquement ou par le calcul sa grandeur F et sa situation angulaire; mais cela ne détermine pas son alignement. On pourrait compléter sa détermination en donnant l'équation de cette droite ; mais un autre moyen très-simple et très-utile consiste à introduire dans le calcul la distance de la force à un point fixe du plan. Soient O ce point (fig. 4) et p sa distance. Le produit Fp est en valeur absolue ce qu'on appelle le *moment de la force* F *autour du point* O (*), et pour distinguer ce moment de celui de la force F' représentée par A'M' égale et parallèle en même sens à F ou AM et située à une distance p' de O égale et opposée à p, on convient de prendre pour positif le moment de toute force F ou AM tellement placée, par rapport à l'observateur qui considère la figure, que le rayon vecteur allant de OA à OM tourne autour de O dans un certain sens adopté comme positif, par exemple le sens qu'offre à nos yeux la rotation d'une aiguille d'horloge ; et l'on prend pour négatif le moment de toute force qui, telle que F'', est dans le cas contraire. Il est clair d'après cela que, si l'on connaît la grandeur et la situation angulaire d'une force dans un plan, il suffit d'avoir en outre la grandeur et le signe (ou sens) de son moment autour d'un point de ce plan, pour en conclure l'alignement de cette force. Ainsi trois quantités algébriques, savoir : les deux projections F_x et F_y, et le moment positif ou négatif Fp, déterminent la *grandeur* et la *direction* de la force F dans le plan des deux axes O_x, O_y.

Cela posé, on peut démontrer comme il suit que, *Si plusieurs forces partant d'un même point* A *sont situées dans un même plan, le moment de leur résultante* R *autour d'un point* O *de ce plan est*

(*) L'*importance* du rôle que joue une force dans l'équilibre du levier simple se mesurant, comme on l'enseigne en statique, par le produit de cette force multipliée par sa distance au point d'appui, c'est de là que ce produit a reçu le nom latin de *momentum* pris dans le sens d'*influence* ou *importance*, et traduit en mécanique par *moment*.

égal (grandeur et signe) à la somme algébrique des moments des composantes autour du même point.

Soit F une de ces forces, représentée par AM; menons par A l'axe Ax perpendiculaire à OA et dans le sens de la rotation positive; appelons F_x la projection rectangulaire de F sur cet axe, projection positive si le moment de F étant positif elle tombe comme dans la figure en An suivant le sens positif de Ax, projection négative dans le cas contraire. Nous voyons que le moment de F autour de O est (grandeur et signe) égal à $F_x.OA$, parce que les aires des triangles OAM et OAn, respectivement égales à $\frac{1}{2} Fp$ et à $\frac{1}{2} F_x . OA$, sont égales entre elles (même base OA et même hauteur An). La somme algébrique des moments des composantes désignée par ΣFp est donc aussi exprimée par $OA \Sigma F_x$. Or (34) on a $\Sigma F_x = R_x$, et le produit $OA.R_x$ est, d'après ce qu'on vient de voir, pour une force F quelconque, le moment de la résultante R; donc la proposition ci-dessus énoncée est démontrée.

42. Moments autour d'un axe. — Cette proposition s'étend aisément à la résultante de plusieurs forces appliquées à un même point, mais non situées dans un même plan : pour cela, au lieu de prendre les moments autour d'un point, on prend les moments autour d'un axe.

DÉFINITION. *Ayant un axe quelconque dans l'espace, si l'on projette une force F rectangulairement sur un plan perpendiculaire à cet axe, le moment de la force P obtenue en projection, autour du point O où l'axe perce le plan, s'appelle le moment de la force F autour de l'axe.* Sa valeur absolue est le produit Pp de la projection P par la distance de l'axe soit à la force F, soit à sa projection P; son signe est celui qui convient au moment de P suivant le sens de la rotation positive autour du point O ou de l'axe.

Cette définition étant comprise, on conclut du numéro précédent :

THÉORÈME. *Le moment autour d'un axe quelconque de la résultante R de plusieurs forces appliquées en un point et dirigées comme on voudra dans l'espace est égal à la somme algébrique des moments des composantes autour du même axe.* Car la projection de la résultante sur un plan perpendiculaire à l'axe est la résultante des projections des composantes sur le même plan (34); donc (41) le moment de la première projection autour du point O où l'axe rencontre le plan, moment qui est précisément celui de la résultante dans l'espace autour de l'axe, est égal à la somme des moments des composantes elles-mêmes autour de l'axe.

NOTATIONS. Pour abréger l'écriture nous conviendrons de remplacer les mots :

$$\text{moment autour du point O de la force } F, \text{ par } \mathfrak{M}_0\, F,$$
$$\text{et moment autour de l'axe } O_x \text{ de la force } F, \text{ par } \mathfrak{M}_x\, F ;$$

mais quand on énonce ces notations, il convient de prononcer les mots qu'elles remplacent. Le dernier théorème peut donc s'écrire ainsi, en désignant par R la résultante des forces F :

$$\mathfrak{M}_x\, R = \Sigma\, \mathfrak{M}_x\, F.$$

43. REMARQUES. 1° Le moment d'une force ne change pas si l'on déplace son point d'application sans changer sa direction. 2° Pour que le moment d'une force autour d'une droite O_x soit nul, sans que la force le soit, il suffit et il faut que la force soit dans un même plan avec la droite O_x : car si la direction de la force rencontre l'axe, le facteur p du moment Pp est nul; si la force est parallèle à l'axe, c'est le facteur P qui se réduit à zéro; dans tout autre cas aucun des deux facteurs ne devient nul.

44. (*) Le moment d'une force autour d'un point O et celui

(*) On peut, dans une première étude, se dispenser de lire cet article et les trois suivants, en passant immédiatement à l'article 48.

de la même force autour d'un axe O*x* passant par ce point ont entre eux une relation remarquable que nous établirons clairement (45) en faisant usage d'une convention au moyen de laquelle on représente par une droite le moment d'une force, soit autour d'un point O, soit autour d'une droite O*x*.

Axes représentatifs des moments. Dans le premier cas, par le point O (fig. 5) une droite OU est menée perpendiculairement au plan qui contient ce point O et la droite AM représentant en grandeur et en direction la force *F*; cette droite OU est tellement dirigée que pour un observateur placé en arrière de O et considérant la ligne OU comme décrite par un point qui s'éloignerait de lui, le rayon vecteur allant de OA à OM tournerait dans le même sens que l'aiguille d'une horloge ; enfin la longueur OU est égale, moyennant une échelle convenue, au produit de *F* par sa distance au point O. Il est clair que par ces trois conditions la droite OU fait connaître le plan dans lequel se trouve la force, le sens de son moment autour du point O et la grandeur absolue de ce moment. C'est pourquoi *nous appellerons cette droite* OU *l'axe représentatif du moment de la force F autour du point* O.

Quant au moment d'une force *F* autour d'une droite quelconque O*x*, comme il est aussi (42) le moment, autour d'un point quelconque O de cet axe, de la projection rectangulaire de *F* sur un plan mené par O perpendiculairement à O*x*, ce moment sera par conséquent représenté par une droite OX portée dans un sens convenable sur O*x* et égale au produit $\mathfrak{M}_x F$.

45. D'après cette convention analogue à celle qui, en cinématique, est appliquée aux rotations, on comprend et nous allons démontrer la proposition suivante :

Théorème. *L'axe représentatif du moment d'une force F autour d'une droite* O*x est en grandeur et en direction la projection rectangulaire sur cette droite de l'axe représentatif* OU *du moment de la même force autour d'un point* O *quelconque de* O*x.*

Soit pris (fig. 6) pour plan de la figure celui qui contient l'axe représentatif OU et la droite Ox. La force F est donc dans le plan, perpendiculaire à la figure, dont la trace est OL perpendiculaire à OU. Rabattons ce plan autour de OL, et L étant le point où l'alignement de la force F rencontre cette trace, prenons-le pour point d'application de F (13, 1°) et décomposons cette force en deux : l'une P perpendiculaire à OL, l'autre passant par O. Les moments de F soit autour de O, soit autour de Ox (11 et 12) sont égaux à ceux de P. Or la figure démontre que l'on a, en menant ON perpendiculaire à Ox et LN perpendiculaire à ON,

$$\mathfrak{M}_0\, F = P.OL,$$

$$\mathfrak{M}_x\, F = P.ON = P.OL \cos \alpha,$$

donc
$$\mathfrak{M}_x\, F = \mathfrak{M}_0\, F. \cos \alpha;$$

donc OX étant l'axe représentatif de $\mathfrak{M}_x\, F$ comme OU est celui de $\mathfrak{M}_0\, F$. on a, suivant l'énoncé,

$$ON = OU. \cos \alpha.$$

Cette démonstration étant indépendante de l'angle de la force F et de la droite OL, le théorème subsiste lorsque la force est parallèle au plan UOx; d'ailleurs on le démontre sans difficulté directement pour ce cas.

46. Corollaires. — 1° Si l'on mène par un point O trois droites Ox, Oy, Oz, non situées dans un même plan, et si l'on y porte à partir de O, dans les sens convenables, trois longueurs représentatives des moments d'une force F autour de ces droites, l'extrémité U de l'axe OU représentatif du moment de F autour de O est le point commun à trois plans menés perpendiculairement aux droites par les extrémités des trois longueurs. Si les trois droites sont rectangulaires entre elles, qu'on désigne par M_x, M_y, M_z les moments de F autour de ces droites, par M_0 son moment autour du point O, et par Ou la direction de l'axe représentatif de ce dernier moment, on a

$$M_x = M_0 \cos uOx, \quad M_y = M_0 \cos uOy, \quad M_z = M_0 \cos uOz;$$

d'où

$$M_0^2 = M_x^2 + M_y^2 + M_z^2.$$

2° Autour de toutes les droites passant par le même point O les moments d'une même force F sont représentés par les cordes partant de O d'une sphère ayant pour diamètre, en grandeur et en direction, l'axe représentatif OU du moment de F autour du point O. Celui-ci est le plus grand des moments de la même force autour des droites passant par O.

47. Relation nécessaire entre les projections d'une force sur trois axes conjugués rectangulaires et ses moments autour des mêmes axes.

Soient x, y et z (fig. 7) les coordonnées d'un point pris sur l'alignement de la force. On peut sans changer les moments transporter la force F en ce point, puis la remplacer par ses projections ou composantes F_x, F_y, F_z. Cela fait, si l'on suppose que le sens positif de la rotation

autour de Ox aille de Oy vers Oz
»   Oy   »   Oz   »   Ox
»   Oz   »   Ox   »   Oy,

de sorte que les lettres indicatrices des axes se succèdent dans l'ordre x, y, z, x; on a, quels que soient les signes des coordonnées et des projections :

$$\begin{aligned}
M_x &= y\,F_z - z\,F_y \\
M_y &= z\,F_x - x\,F_z \\
M_z &= x\,F_y - y\,F_x
\end{aligned} \quad [1];$$

c'est ce qu'on reconnaît en considérant d'abord le cas où les

trois coordonnées x, y, z, et les trois composantes ou projections F_x, F_y et F_z sont positives, et en remarquant ensuite que,
si l'une de ces six quantités change de signe, les deux moments
qui lui correspondent en changent également. De ces trois
équations [1] on conclut

$$F_x\, M_x + F_y\, M_y + F_z\, M_z = 0 \quad [2],$$

équation remarquable qu'on énoncerait facilement en langage
ordinaire.

Cette manière de trouver la relation cherchée nous a donné
l'occasion de montrer comment les moments d'une force autour
de trois axes coordonnés rectangulaires s'expriment en fonctions
des projections de la force sur ces axes et des coordonnées d'un
quelconque des points de la direction de la force. Ces expressions font voir aussi que trois quantités proportionnelles à M_x,
F_y et F_z, par exemple, suffisent pour donner l'une des équations de la direction de la force F.

Quant à l'équation [2], on peut l'obtenir comme conséquence
immédiate du théorème du numéro 45 et d'une proposition
très-connue de la géométrie analytique. Si a, b et c sont les angles de la force F avec les trois axes coordonnés rectangulaires,
et si α, β et γ sont les angles que fait avec ces trois directions
l'axe représentatif du moment M_0 de la même force autour de
l'origine O, la force F et l'axe représentatif de son moment étant
à angle droit, on a

$$\cos a\, \cos \alpha + \cos b\, \cos \beta + \cos c\, \cos \gamma = 0,$$

et en multipliant par $F.M_0$ on obtient l'équation [2].

Conséquence qui en résulte. Connaissant cinq des six quantités
F_x, F_y, F_z, M_x, M_y, M_z, on trouve la sixième. Puis, prenant une
des trois projections, qui ne soit pas nulle, par exemple F_z, on
se donne à volonté l'ordonnée z qui lui est parallèle, et l'on calcule x et y. Les six quantités positives ou négatives F_x, F_y, F_z,

x, y, z déterminent la grandeur et la direction de la force F indépendamment de son point d'application.

48. Remarque. — Toutes les propriétés qui viennent d'être démontrées dans les paragraphes 2 et 3 sont en réalité de purs théorèmes de géométrie, dont on aura les énoncés en remplaçant le mot *force* par le mot *droite*, pourvu qu'on adopte la définition suivante, qui étend la signification du mot *résultante* et qui attribue à toute droite un certain sens considéré comme celui dans lequel elle est engendrée ou décrite.

Définition. *Plusieurs droites* AM', AM'', AM''', AM^{IV}... (fig. 2) *partant d'un point* A *et étant d'ailleurs dirigées d'une manière quelconque dans l'espace; si l'on imagine un contour polygonal, tel que* $AM'\,m''\,m'''\,M$, *formé, à partir de* A, *de l'une de ces droites et de toutes les autres transportées parallèlement à elles-mêmes et disposées bout à bout en conservant les mêmes longueurs et les mêmes sens, mais d'ailleurs dans un ordre quelconque, la droite* AM *qui ferme ce contour, en allant du point* A *à l'autre extrémité* M, *s'appelle la droite résultante ou simplement la résultante, des premières droites* AM', AM''... AM^{IV}, *et celles-ci s'appellent ses composantes.*

De là et des démonstrations qui précèdent on conclut, entre autres, les théorèmes que voici :

I. *La projection sur un plan (ou sur un axe) de la résultante de plusieurs droites est égale à la résultante (ou à la somme algébrique) des projections des composantes sur ce plan (ou sur cet axe).*

II. *Le moment de la droite résultante, autour d'un axe, est égal à la somme algébrique des moments des composantes autour du même axe.*

CHAPITRE III.

DU MOUVEMENT CURVILIGNE D'UN POINT MATÉRIEL.

---

§ 1.

DU MOUVEMENT PARABOLIQUE DÛ A UNE FORCE CONSTANTE.

49. Un point matériel dont la masse est m possède à un instant initial une vitesse v_0 qui, si aucune force n'agissait actuellement sur le mobile, lui ferait parcourir dans le temps t l'espace rectiligne AB (fig. 8), que nous désignerons par X ; ainsi

$$X = AB = v_0 t.$$

Mais pendant le même temps le point est sollicité par une force ou par plusieurs forces dont la résultante est R, laquelle accompagne le mobile en restant constante en intensité et parallèle en même sens à une droite fixe. Soit parallèlement à cette droite la longueur AC ou Y égale à l'espace rectiligne que la force R ferait parcourir au point matériel, si la vitesse initiale v_0 n'existait pas. Ainsi (30) $Y = AC = \dfrac{1}{2}\dfrac{R}{m} t^2.$

La détermination du mouvement effectif qui résulte des deux circonstances d'une vitesse initiale et de forces agissantes repose sur le principe expérimental qui est énoncé au numéro 15, et qui nous a servi à établir que dans le mouvement rectiligne l'accélération est indépendante de la vitesse acquise.

Si l'on imagine un système de comparaison doué de la vitesse de translation v_0; la droite AC, considérée comme une suite de points géométriques liés à ce système, se trouve, au bout du temps t, transportée en BM, droite parallèle et égale à AC. Or, pendant ce temps le point matériel dont il s'agit doit, en vertu de son mouvement relatif, passer successivement par ces mêmes points géométriques ; donc il se trouve en M à la fin du temps t. On déduit de là les conséquences suivantes :

1° Le point M, dont la position varie avec le temps t, ne sort pas du plan déterminé par les directions initiales de la vitesse et de la force ;

2° Ses coordonnées par rapport à ces directions étant désignées par X et Y, après un temps t quelconque, sont exprimées par les formules $X = v_0 t$ et $Y = \dfrac{1}{2}\dfrac{R}{m}t^2$, d'où, en éliminant t, on déduit $Y = \dfrac{R}{2\,mv_0^2}X^2$, équation de la trajectoire, rapportée aux axes AX, AY.

3° Cette courbe, qu'il est facile de construire par points, est une parabole (*) ayant son axe principal parallèle à la direction AY de la force constante R et sa tangente en A, suivant la direction de la vitesse acquise par le mobile à l'instant de son passage en ce point.

4° Pendant tout le temps t, les projections du mobile sur les axes coordonnés AX, AY se transportent suivant les lois exprimées par les équations $X = v_0 t$ et $Y = \dfrac{1}{2}\dfrac{R}{m}t^2$, savoir : sur AX par un mouvement uniforme avec la vitesse v_0, et sur AY

(*) On voit qu'il faut se garder de croire que le mobile décrive la diagonale du parallélogramme ABMC, comme si la vitesse v_0 équivalait à une force constante agissant en même temps que celles dont la résultante est R. On peut très-bien dire que les espaces dus à la vitesse et à la force se composent pour produire le déplacement du mobile de A en M ; ou bien encore que la vitesse v se compose avec la vitesse $\dfrac{R}{m}t$ due à la force R agissant pendant le temps t pour produire la vitesse v_1 que possède le mobile à la fin de ce temps ; mais il serait très-incorrect de dire que la vitesse et la force, deux choses hétérogènes, se composent pour produire une résultante qui ne pourrait être ni un espace, ni une vitesse, ni une force.

par un mouvement uniformément varié dont la vitesse initiale est nulle et dont l'accélération est $\dfrac{R}{m}$.

5° Au bout du temps t, le mobile étant en M, la vitesse de sa projection sur AX est v_0 et celle de sa projection sur AY est

$$\frac{R}{m}\, t;$$

or, on a vu en cinématique, et il est très-aisé de reconnaître que la vitesse de la projection d'un point sur un axe est la projection sur ce même axe de la vitesse du point dans l'espace. v_0 et $\dfrac{R}{m}\, t$ sont donc les projections sur AX et sur AY de la vitesse v du mobile à son passage en M ; par conséquent cette vitesse est la diagonale du parallélogramme dont les côtés partant de M sont l'un parallèle et égal à v_0, l'autre parallèle à R et égal à $\dfrac{R}{m}\, t$, tandis que la vitesse initiale en A est v_0.

50. **Déviation.** Un point étant en mouvement varié, si A est sa position à un certain instant et si, pendant le temps θ suivant, il se transporte de A en M ; si enfin v est, suivant Ax, la vitesse du mobile à l'instant de son passage en A ; que l'on porte dans cette direction la longueur AB $= v\theta$, la *droite allant de B en M est en intensité et en direction* ce que M. Duhamel (*Cours de mécanique*, 1853) appelle *la déviation du mobile dans le temps θ.*

On voit que, dans le cas que nous venons d'étudier d'une force constante qui se transporte parallèlement à elle-même, en agissant toujours dans le même sens, la déviation pendant le temps θ a pour expression $\dfrac{1}{2}\,\dfrac{R}{m}\,\theta^2$; qu'elle est proportionnelle au quarré du temps pendant lequel elle s'accomplit ; que pendant la première seconde elle est $\dfrac{1}{2}\,\dfrac{R}{m}$, et qu'enfin elle est parallèle en même sens à la force.

Si la vitesse v (fig. 9) était la résultante de deux vitesses v', v'', et la force R la résultante de deux forces F', F'', le point B serait l'extrémité de la brisée AB'B composée des chemins $v'\theta$, $v''\theta$, dus aux seules vitesses v', v'' pendant le temps θ, et le point M serait l'extrémité de la brisée BM'M composée des déviations dues aux seules forces F' et F''.

Il est clair que, lorsque la force totale R est dans l'alignement de la vitesse v, la déviation BM est dans l'alignement de AB, le mouvement est rectiligne, et le mot *déviation* prend alors une signification différente de celle qu'il a dans le langage ordinaire.

§ 2.

DU MOUVEMENT CURVILIGNE DÛ A DES FORCES QUELCONQUES.

31. Parallélogrammes infinitésimaux des chemins décrits et des vitesses parallèles à deux axes. — Les conséquences de la théorie précédente s'appliquent ici aux limites vers lesquelles elles tendent à mesure que décroît θ. Ainsi, les notations précédentes étant conservées,

1° Le plan XAY (fig. 10) est le plan osculateur au point A de la trajectoire;

2° θ devenant un infiniment petit, si l'on prend $AB = v\theta$ suivant la vitesse v et $BM = \dfrac{1}{2}\dfrac{R}{m}\theta^2$ parallèle à R, on a en M, à l'extrémité de la diagonale du parallélogramme infinitésimal ABMC, la position du mobile après θ, sauf une distance infiniment petite d'un ordre plus élevé que le second;

3° La trajectoire est curviligne et tangente en A à la direction de la vitesse v;

4° Le mouvement de la projection du mobile sur cette direction AX, projection faite par des droites parallèles à AY ou à R, a, pendant le temps θ, de A en B la vitesse v sans accélération, tandis que le mouvement de la projection du même mobile sur la direction AY, projection faite par des droites parallèles à AX, a de A en C l'accélération $\dfrac{R}{m}$ sans vitesse initiale en A, et la vitesse $\dfrac{R}{m}\theta$ en C.

5° La vitesse $\dfrac{ds}{dt}$ du mobile est égale à v à l'instant initial de θ, tandis qu'à la fin de ce temps infiniment petit le mobile étant en M, sa vitesse, que nous désignerons par v_1, est représentée en grandeur et en direction par la diagonale MS du parallélogramme MPSQ dont les côtés sont l'un, MP fini, parallèle et égal à v, l'autre MQ infiniment petit, parallèle à R et égal à $\dfrac{R}{m}\theta$.

De là découlent plusieurs propositions fort importantes qu'on va voir.

52. Projection du mouvement sur un axe quelconque. — Les axes AX, AY nous ont été naturellement fournis l'un par la direction de la vitesse, l'autre par celle de la résultante à un certain instant. Considérons maintenant le mouvement dont il s'agit rapporté à des axes coordonnés quelconques.

Soit un axe Ox fixe dans l'espace. Si l'on y projette la brisée ABM parallèlement à un plan directeur quelconque yOz, le déplacement am de la projection du mobile pendant le temps θ sera la somme algébrique des projections de AB et de BM ou AC. Si donc on désigne par v_x et R_x les projections de v et de R, ce déplacement sera exprimé par $v_x\,\theta + \dfrac{1}{2}\,\dfrac{R_x}{m}\theta^2$ (*); d'où il résulte

---

(*) Les longueurs v et $\dfrac{1}{2}\dfrac{R}{m}\,\theta^2$ ont leurs projections sur l'axe Ox égales à v_1 et $\dfrac{1}{2}\dfrac{R_x}{m}\,\theta^2$, parce que v a la direction de v suivant AB et $\dfrac{1}{2}\dfrac{R}{m}\,\theta^2$ la direction de R suivant AC. Les facteurs v et $\dfrac{\theta^2}{2m}$ sont comme des coefficients numériques sans influence sur les directions

non-seulement que la vitesse de la projection du mobile est égale, comme on l'a déjà vu, à la projection de la vitesse, mais encore que

THÉORÈME. *L'accélération rectiligne du mouvement de la projection du mobile sur un axe est égale à celle qu'imprimerait à un point de même masse une force égale à la projection sur cet axe de la résultante R des forces F actuellement agissantes*, projection qui (33) équivaut à la somme des projections de ces forces *F*.

C'est ce qu'indique la formule

$$\frac{dv_x}{dt} \quad \text{ou} \quad \frac{d^2x}{dt^2} = \frac{R_x}{m} \quad \text{ou} \quad \frac{\Sigma F_x}{m}.$$

On peut démontrer autrement cette relation en projetant la brisée MPS et la droite MS sur un axe ; on a

$$v_{1x} - v_x = \frac{R_x}{m}\,\theta, \text{ et à la limite } dv_x = \frac{R_x}{m}\,dt.$$

Si, suivant la notation adoptée par les géomètres, on représente par *X*, *Y*, *Z* les sommes des projections ou composantes des forces *F* parallèles à trois axes coordonnés, ou, ce qui revient au même, les composantes, suivant ces axes, de leur résultante, on a les *trois équations différentielles du mouvement d'un point*

$$m\,d\frac{dx}{dt} = X\,dt, \quad m\,d\frac{dy}{dt} = Y\,dt, \quad m\,d\frac{dz}{dt} = Z\,dt,$$

ou, ce qui est la même chose,

$$m\,\frac{d^2x}{dt^2} = X, \quad m\,\frac{d^2y}{dt^2} = Y, \quad m\,\frac{d^2z}{dt^2} = Z,$$

équations *renfermant implicitement toutes les circonstances du mouvement*, sauf la détermination de six constantes arbitraires, qui dépendent de la position du mobile à un certain instant et de sa vitesse au même ou à un autre instant.

53. Premier Corollaire. *Si un point matériel se meut dans l'espace en vertu d'une vitesse initiale v_0 et de forces F constantes ou variables, et si on le conçoit projeté continuellement sur un axe fixe quelconque et parallèlement à un plan directeur aussi quelconque, sa projection s'y meut comme un corps qui, ayant la même masse que le mobile dont il s'agit, aurait pour vitesse initiale la projection de la vitesse v_0 et pour force agissante la somme algébrique des projections des forces F ou la projection de leur résultante R.*

54. Deuxième Corollaire. Si, à partir d'un instant quelconque, on projette le mouvement d'un point matériel dans l'espace sur trois axes coordonnés, et si l'on multiplie par la masse du mobile les accélérations du mouvement des projections, les produits

$$m\frac{dv_x}{dt}, \quad m\frac{dv_y}{dt}, \quad m\frac{dv_z}{dt}, \quad \text{ou} \quad m\frac{d^2x}{dt^2}, \quad m\frac{d^2y}{dt^2}, \quad m\frac{d^2z}{dt^2}$$

sont égaux aux projections R_x, R_y, R_z de la force totale R qui agit actuellement sur le mobile. Par conséquent cette force totale équivaut toujours à la résultante des forces égales à $m\frac{dv_x}{dt}$, $m\frac{dv_y}{dt}$, $m\frac{dv_z}{dt}$ dirigées dans le sens indiqué par leurs signes, parallèlement aux axes coordonnés quelconques Ox, Oy, Oz.

On obtiendrait également cette force R en considérant les trois accélérations $\frac{dv_x}{dt}$, $\frac{dv_y}{dt}$, $\frac{dv_z}{dt}$ comme des droites partant du mobile et dirigées parallèlement aux trois axes, puis en prenant la résultante de ces trois droites (48) et la multipliant par la masse m. C'est ce que nous indiquons par la notation

$$R = \text{Rés}\left(m\frac{dv_x}{dt}, \ m\frac{dv_y}{dt}, \ m\frac{dv_z}{dt}\right) = m \ \text{Rés}\left(\frac{dv_x}{dt}, \ \frac{dv_y}{dt}, \ \frac{dv_z}{dt}\right),$$

qui, lorsque les axes sont rectangulaires, devient

$$R = m \sqrt{\left(\frac{dv_x}{dt}\right)^2 + \left(\frac{dv_y}{dt}\right)^2 + \left(\frac{dv_z}{dt}\right)^2} \quad (')$$

55. Projection du mouvement sur un plan. — En projetant la brisée ABM sur un plan par des projetantes parallèles à un axe quelconque, on voit aisément que la projection du point matériel sur ce plan se meut comme un corps de même masse qui aurait pour vitesse initiale la projection de la vitesse v_0 et pour forces agissantes les projections, sur le plan, des forces F réellement appliquées au mobile dans l'espace.

56. Force tangentielle. — La projection rectangulaire de la brisée MPS et de la diagonale MS sur AX, tangente à la trajectoire, donne, si l'on désigne par α l'angle infiniment petit de MS ou de la tangente en M avec AX, et par i l'angle fini CAB de R avec la même droite,

$$v + \frac{R}{m} \, \theta \cos i = v_1 \cos \alpha \quad \text{ou} \quad \frac{R}{m} \, \theta \cos i = v_1 - v,$$

sauf une erreur qui disparaît à la limite, attendu que la diffé-

---

(') La quantité Rés $\left(\dfrac{dv_x}{dt}, \dfrac{dv_y}{dt}, \dfrac{dv_z}{dt}\right)$, considérée comme une droite partant du mobile dans la direction indiquée par les signes de ses projections ou composantes $\dfrac{dv_x}{dt}, \dfrac{dv_y}{dt}, \dfrac{dv_z}{dt}$, s'appelle l'*accélération totale* du mobile. Il résulte des propositions qui viennent d'être démontrées que, quels que soient les trois axes arbitraires de projection, elle a toujours même direction que la force totale R, et même grandeur que l'accélération $\dfrac{R}{m}$ que le point de masse m recevrait de cette force dans le cas simple du mouvement rectiligne.

Ce n'est que depuis peu d'années que la considération de l'accélération totale a été introduite dans l'enseignement, et cette innovation, qu'aucune nécessité n'impose, a eu, à mon avis, moins d'utilité que d'inconvénient.

rence $v_1 \cos \alpha - v_1 = -2v_1 \sin^2 \frac{1}{2}\alpha$ est un infiniment petit du second ordre. Donc

$$\frac{R}{m} \cos i = \lim \frac{v_1 - v}{\theta} \qquad \text{ou} \qquad \frac{R \cos (R, ds)}{m} = \frac{dv}{dt},$$

équation dans laquelle on peut remplacer $\dfrac{dv}{dt}$ par $\dfrac{d^2s}{dt^2}$.

DÉFINITION. *La force $R \cos (R, ds)$, projection rectangulaire de la résultante sur la tangente comptée positivement dans le sens du mouvement, s'appelle la* FORCE TANGENTIELLE ; *elle est égale* (34) *à la somme algébrique* $\Sigma F \cos (F, ds)$ *des projections rectangulaires sur cette tangente de toutes les forces F agissantes. Ainsi :*

THÉORÈME. *Dans le mouvement curviligne l'accélération* $\dfrac{dv}{dt}$ *ou* $\dfrac{d^2s}{dt^2}$ *du mobile sur sa trajectoire* (*) *est égale à* $\dfrac{R \cos (R, ds)}{m}$ *c'est-à-dire à la force tangentielle divisée par la masse,* d'où il suit que le mobile a sur sa trajectoire le mouvement qu'il aurait sur une droite si les forces étaient à chaque instant remplacées par leurs projections rectangulaires sur la tangente à cette trajectoire.

Il en résulte que la force tangentielle $R \cos (R, ds)$ est égale à $m \dfrac{dv}{dt}$, c'est-à-dire à la masse du mobile multipliée par son accélération sur la trajectoire.

57. Force centripète. — Menons la normale AN au point A de la trajectoire, vers son centre de courbure, et remarquons

(*) Suivant le nouveau langage expliqué dans la note du numéro 54, pour distinguer de l'accélération totale l'accélération comptée, comme la vitesse, suivant la trajectoire, abstraction faite de sa courbure, cette accélération $\dfrac{dv}{dt}$ s'appelle l'*accélération tangentielle.*

que les projections rectangulaires, sur cet axe, des droites MQ
et MS sont égales. Ainsi

$$\frac{R}{m}\,\theta \sin i = v_1 \sin \alpha, \quad \text{donc} \quad \frac{R}{m}\sin i = \frac{v_1 \sin \alpha}{\theta};$$

or, à mesure que θ diminue, v_1 approche de se confondre avec v,
et $\sin \alpha$ peut être remplacé par l'angle α, angle infiniment petit
des deux tangentes aux points A et M. On a donc

$$\frac{R}{m}\sin i = \frac{v\,\alpha}{\theta} \quad \text{ou} \quad \frac{R}{m}\sin i = v^2 \frac{\alpha}{\sigma}$$

à cause de la relation $v = \dfrac{\sigma}{\theta}$, en appelant σ l'arc infiniment petit AM parcouru dans le temps θ.

Maintenant, on sait que le quotient $\dfrac{\alpha}{\sigma}$, qui, si la courbe AM
était un cercle, serait l'inverse du rayon, est généralement, à la
limite, l'inverse du rayon de courbure. Donc si ce rayon est ρ,
on a $\dfrac{\alpha}{\sigma} = \dfrac{1}{\rho}$ et l'équation précédente devient, attendu que
l'angle i de la résultante R avec la tangente est le complément
de l'angle de cette force avec le rayon de courbure,

$$R \sin i = R \cos (R,\, \rho) = \frac{mv^2}{\rho}.$$

Définition. *La force* $R \sin i$ *ou* $R \cos (R,\, \rho)$, *projection rectangulaire de la résultante sur la normale à la trajectoire, s'appelle
force normale ou force* CENTRIPÈTE, parce qu'elle est nécessairement dirigée vers le centre de courbure de la trajectoire. Ainsi :

Théorème. *Dans un mouvement curviligne quelconque la force
centripète est, à chaque instant, égale au produit de la masse
par le quarré de la vitesse, divisé par le rayon de courbure.*

Remarque. La force totale R étant nécessairement dans le
plan de la trajectoire, si elle est plane, et en général dans son

plan osculateur, la force tangentielle et la force centripète forment un système de deux composantes rectangulaires de cette force totale. Si l'on considère les deux projections rectangulaires du point matériel en mouvement, l'une sur la tangente, l'autre sur la normale à la trajectoire, la première a une accélération $\frac{dv}{dt}$ égale à $\frac{R \cos (R, \, ds)}{m}$, c'est-à-dire à la force tangentielle divisée par la masse, l'autre a une accélération égale à la force centripète divisée par la masse, par conséquent à $\frac{R \cos (R, \, \rho)}{m}$ ou $\frac{v^2}{\rho}$ (*).

58. Cas particuliers. — 1° *Mouvement rectiligne.* $\rho = \infty$, $\sin i = 0$. La force normale est nulle; la force totale ou résultante se réduit à la force tangentielle.

2° *Mouvement parabolique.* La résultante R est constante d'intensité et de situation angulaire. Les équations du mouvement rapporté à deux axes, l'un suivant la vitesse à un instant pris pour initial, l'autre parallèle en même sens à R, sont

$$x = v_0 t \quad \text{et} \quad y = \frac{1}{2} \frac{R}{m} t^2, \quad \text{d'où} \quad y = \frac{R}{2m \, v_0^2} x^2 = \frac{1}{2p} x^2;$$

parabole dont le rayon de courbure ρ au point où la vitesse est v_0 et fait l'angle i avec la résultante R, est donné par la formule

$$R \sin i = \frac{m \, v_0^2}{\rho}, \quad \text{d'où} \quad \rho = \frac{m \, v_0^2}{R \sin i} = \frac{p}{\sin i},$$ ce qu'on trouverait également par la géométrie infinitésimale.

3° *Mouvement curviligne uniforme.* $\frac{dv}{dt} = 0$; la force tangen-

<hr>

(*) Par analogie avec les locutions indiquées aux deux notes précédentes, l'accélération $\frac{R \cos (R, \, \rho)}{m}$ ou $\frac{v^2}{\rho}$ s'appelle *accélération centripète*. Ainsi l'accélération totale est la résultante de l'accélération tangentielle et de l'accélération centripète.

tielle est nulle, la force totale est centripète et égale à $\dfrac{m\,v^2}{\rho}$; elle est constante si le mouvement est circulaire.

Dans le cas particulier du mouvement circulaire et uniforme, on peut exprimer la force totale centripète en fonction de la durée T de la révolution du mobile autour du centre fixe. On a

$$v = \frac{2\,\pi\,\rho}{T} \quad \text{et par suite} \quad F = \frac{m\,v^2}{\rho} = \frac{4\,\pi^2\,\rho\,m}{T^2}.$$

4° *Mouvement circulaire varié.* $\rho = \dfrac{m\,v^2}{R\cos(R,\,\rho)} = \text{const.}$; de sorte que si l'on se donne, outre le rayon, deux des trois quantités v, $\dfrac{R}{m}$, $\cos(R,\,\rho)$, on en conclut la troisième (*).

Le quotient $\dfrac{v}{\rho}$ s'appelle la *vitesse angulaire* du mobile autour du centre de la circonférence qu'il décrit. Si on la désigne par w, la force centripète $R\cos(R,\,\rho)$ est égale à $m w^2 \rho$ et la force tangentielle $R\cos(R,\,ds)$ égale à $m r \dfrac{dw}{dt}$.

La quantité $\dfrac{dw}{dt}$ s'appelle l'*accélération angulaire* du mobile.

Si l'on représente par α l'angle variable que le rayon aboutissant au mobile fait avec un rayon fixe, on a

$$w = \frac{d\alpha}{dt}, \quad \frac{dw}{dt} = \frac{d^2\alpha}{dt^2} \quad \text{et} \quad R\cos(R,\,ds) = m\rho\,\frac{d^2\alpha}{dt^2}.$$

59. Moments de la vitesse et des forces autour d'un axe. — Appliquons au parallélogramme MPSQ (51) le théorème des moments (48, II). Nous aurons autour d'un axe quelconque dans l'espace

$$\mathfrak{M}_{MS} = \mathfrak{M}_{MP} + \mathfrak{M}_{MQ}.$$

____

(*) On peut remarquer la relation $R = \dfrac{m v^2}{\rho \cos(\rho,\,R)}$ où le diviseur est la projection rectangulaire du rayon ρ sur la direction de la résultante R.

La distance du point A au point M étant infiniment petite, tandis que les distances des côtés du parallélogramme à l'axe des moments sont finies, on peut remplacer les côtés MP et MQ par des parallèles égales partant de A. L'équation précédente devient

$$\mathcal{M}v' - \mathcal{M}v = \mathcal{M}\frac{R}{m}\theta,$$

ou, en divisant par θ et en employant la notation qui convient aux limites,

$$\frac{d\mathcal{M}v}{dt} = \frac{\mathcal{M}R}{m} \quad \text{ou} \quad \frac{d\mathcal{M}v}{dt} = \frac{\Sigma\mathcal{M}F}{m}; \qquad \text{donc :}$$

Théorème. *Dans le mouvement d'un point matériel, la dérivée par rapport au temps du moment de la vitesse autour d'un axe fixe quelconque est égale à la somme des moments des forces agissantes autour du même axe, divisée par la masse* (*).

D'après la notation indiquée au numéro 52, si l'on prend successivement pour axes de moments les axes coordonnés rectangulaires Ox, Oy, Oz, le point mobile ayant la masse m et les coordonnées x, y, z, l'équation précédente se traduit, en égard aux signes, par celles-ci qui se déduisent l'une de l'autre par permutation tournante :

$$\text{autour de } Ox, \quad \frac{d}{dt}\left(y\frac{dz}{dt} - z\frac{dy}{dt}\right) = \frac{yZ - zY}{m}$$

$$\text{»} \quad Oy, \quad \frac{d}{dt}\left(z\frac{dx}{dt} - x\frac{dz}{dt}\right) = \frac{zX - xZ}{m}$$

$$\text{»} \quad Oz, \quad \frac{d}{dt}\left(x\frac{dy}{dt} - y\frac{dx}{dt}\right) = \frac{xY - yX}{m}$$

(*) On remarquera l'analogie des deux formules (n°s 52 et 59), $\dfrac{dv_x}{dt} = \dfrac{\Sigma F_x}{m}$ et $\dfrac{d\mathcal{M}v}{dt} = \dfrac{\Sigma\mathcal{M}F}{m}$. Les opérations qui, dans la première équation, consistent à projeter la vitesse et les forces, sont remplacées dans la seconde par celles qui prennent leurs moments.

$$\text{ou bien} \begin{cases} y\dfrac{d^2z}{dt^2} - z\dfrac{d^2y}{dt^2} = \dfrac{yZ - zY}{m}, \\[2ex] z\dfrac{d^2x}{dt^2} - x\dfrac{d^2z}{dt^2} = \dfrac{zX - xZ}{m}, \\[2ex] x\dfrac{d^2y}{dt^2} - y\dfrac{d^2x}{dt^2} = \dfrac{xY - yX}{m}. \end{cases}$$

Sous la seconde forme ces équations, dont l'une est implicitement contenue dans les deux autres, résultent immédiatement des relations fondamentales $m\dfrac{d^2x}{dt^2} = X$, $m\dfrac{d^2y}{dt^2} = Y$, $m\dfrac{d^2z}{dt^2} = Z$; et en remontant à la première forme on obtient la démonstration du théorème des moments qui précède ; mais ces déductions analytiques sont moins naturellement amenées que les considérations géométriques qu'on vient de voir et dont l'idée est due à M. le général Poncelet.

60. Cas particulier. — Si la résultante passe constamment par l'axe des moments ou lui est parallèle, son moment est nul et le moment de la vitesse est constant. Dans ce cas projetons le mobile en mouvement sur un plan perpendiculaire à l'axe ; soit MM' (fig. 11) l'arc parcouru en projection pendant le temps dt, et soit p sa distance à l'axe O des moments ; le moment de la vitesse est $\dfrac{MM'}{dt} \cdot p$; or $MM' \cdot p$ est le double de l'aire du triangle MM'O, décrite par le rayon vecteur OM dans le temps dt ; donc les aires infiniment petites ainsi décrites dans des temps égaux dt sont égales, c'est-à-dire que *les aires décrites dans des temps finis sont proportionnelles à ces temps* (¹).

(¹) Si l'on appelle ω l'aire décrite par le rayon vecteur projeté à partir d'une position initiale, on peut écrire $2d\omega = MM' \, p = \mathcal{M} v \, dt$.

On a ainsi en général $\mathcal{M} v = 2\dfrac{d\omega}{dt}$ et $\dfrac{d\mathcal{M} v}{dt} = 2\dfrac{d^2\omega}{dt^2} = \dfrac{\Sigma\mathcal{M} F}{m}$.

§ 3.

DES EFFETS DE L'IMPULSION ET DU TRAVAIL DES FORCES.

61. Les équations obtenues aux numéros 52, 56, 59 et qui sont toutes implicitement renfermées dans l'équation $\dfrac{d^2x}{dt^2} = \dfrac{\Sigma F_x}{m}$ appliquée à des axes quelconques, donnent lieu par leur intégration à des conséquences utiles.

En multipliant par $m\,dt$ l'équation de l'accélération suivant la trajectoire (56) et en l'intégrant, on a

$$m\,dv = R\cos(R, ds)\,.\,dt \quad \text{et} \quad mv - mv_0 = \int_0^t R\cos(R, ds)\,.\,dt.$$

DÉFINITIONS. I. *F étant une force dirigée suivant une droite ou tangentiellement à une certaine courbe, dans un sens positif ou négatif désigné par son signe, le produit F dt s'appelle l'*IMPULSION *ÉLÉMENTAIRE de la force F, et son intégrale* $\int_0^t F\,dt$ *est l'*IMPULSION *TOTALE de cette force pendant le temps t* (*).

Par analogie avec les dénominations données à $\dfrac{ds}{dt}$ et à $\dfrac{d^2s}{dt^2}$, on a proposé d'appeler $\dfrac{d\omega}{dt}$ la vitesse aréolaire, et par suite $\dfrac{d^2\omega}{dt^2}$ serait l'accélération aréolaire autour de l'axe fixe des moments. Ainsi le théorème numéro 59 peut être énoncé en ces termes : THÉORÈME. *Le double de l'accélération aréolaire autour d'un axe fixe quelconque est égal au moment de la résultante ou à la somme des moments des forces autour de cet axe.* Il est entendu que l'aire variable ω est décrite en projection sur un plan perpendiculaire à l'axe des moments.

(*) Le mot *impulsion*, dans son étymologie, implique l'idée de pousser; il suppose une action répulsive ; mais scientifiquement il s'étend aussi bien à une attraction. Dans le langage ordinaire ce mot ne s'applique guère qu'à un choc, c'est-à-dire à une assez grande force exercée pendant un temps très-court; ou bien on l'emploie au pluriel pour désigner ce qu'on se re-

11. Le produit *mv* s'appelle la *quantité de mouvement* du corps dont la masse est *m* et dont la vitesse est *v* (*).

présente comme une suite de petits chocs répétés à de petits intervalles. Nous lui donnons une signification plus précise et plus étendue. Un agent quelconque, qui met un corps en mouvement ou modifie son mouvement acquis, peut l'amener du premier au dernier état (je ne dis pas à la dernière position dans l'espace, mais au dernier état de vitesse) soit par une grande force de peu de durée, soit par une petite force dont l'action soit suffisamment prolongée. De là la nécessité de considérer la quantité complexe dont nous parlons et qui résulte de la combinaison de ces deux choses si distinctes : la force et la durée de son action.

(*) L'expression *quantité de mouvement* est choquante sous plus d'un rapport : 1° le mouvement, d'après sa définition, n'est pas une quantité ou plutôt n'est pas caractérisé par une quantité; s'il s'agit du mouvement d'un point, on mesure son *déplacement* pendant un certain *temps*, les *angles* que fait sa direction avec les axes de comparaison, sa *vitesse*, son *accélération*, véritables *quantités* qui ont toutes leurs unités et qui peuvent varier indépendamment les unes des autres. 2° Le mouvement en lui-même est l'objet de la cinématique, dans laquelle la notion de la masse liée à celle de la force ne doit pas entrer. 3° Si, renonçant à la signification actuelle du mot *mouvement*, on voulait l'employer à nommer le produit *mv* qui est bien une quantité, il faudrait ne pas le faire précéder du mot *quantité* et dire le *mouvement mv*, comme on dit la masse, la vitesse, le volume d'un corps, et non la quantité de masse, la quantité de vitesse, etc.

Quelques auteurs étrangers emploient, pour désigner le produit de la masse par la vitesse, le mot latin *momentum*, que nous ne pouvons pas adopter, parce que le mot *moment* a dans la langue française une autre signification en mécanique. Un autre terme latin et anglais, employé dans le siècle dernier en mécanique, et tombé en désuétude, me paraîtrait convenable pour remplacer l'expression impropre de quantité de mouvement; c'est le mot *impetus*, à peu près équivalent à impétuosité. Il est incontestable qu'en effet impétuosité suppose masse et vitesse. Par exemple, une rivière dont la vitesse est de 1^m,30 par seconde peut être appelée un courant impétueux, puisque, suivant les expériences de Dubuat, elle entraîne alors des silex anguleux du volume d'un œuf de poule; l'eau qu'elle débite par seconde et par mètre quarré de sa section transversale est de 1mc,3, son poids 1300 kilogrammes, sa quantité de mouvement $mv = \dfrac{1300.1,30}{g} = \dfrac{1690}{g}$ unités. Pour que le vent ait l'impétuosité d'un ouragan, il faut, suivant les expériences

D'après cela les équations ci-dessus s'énoncent ainsi :

THÉORÈME DE L'IMPULSION TANGENTIELLE. *L'accroissement élémentaire ou fini de la quantité de mouvement entre deux instants est égal à l'impulsion élémentaire ou finie de la force tangentielle pendant le temps écoulé de l'un à l'autre de ces instants.*

62. En multipliant par $m\,dt$ et en intégrant l'équation de l'accélération du mouvement projeté sur un axe quelconque (52), on a les formules et le théorème qui suivent :

$$m\,dv_x = \Sigma\, F_x\,dt \quad \text{et} \quad mv_x - mv_{0x} = \Sigma \int F_x\,dt.$$

THÉORÈME DE L'IMPULSION PROJETÉE. *L'accroissement élémentaire ou fini de la quantité de mouvement projetée sur un axe, entre deux instants, est égal à la somme des impulsions des forces projetées sur le même axe, dans l'intervalle de ces instants.*

63. En multipliant par $m\,dt$ et en intégrant l'équation de la dérivée du moment de la vitesse (59), on a les formules et le théorème que voici :

$$d\mathcal{M}mv = \Sigma\, \mathcal{M}F\,dt \quad \text{et} \quad \mathcal{M}mv - \mathcal{M}mv_0 = \Sigma \int \mathcal{M}F\,dt.$$

THÉORÈME DES MOMENTS DES IMPULSIONS. *L'accroissement du moment de la quantité de mouvement autour d'un axe fixe quelconque pendant un temps élémentaire ou fini est égal à la somme des moments des impulsions élémentaires des forces pendant le même temps.*

de Smeaton, une vitesse de 36 mètres par seconde, ce qui correspond par mètre quarré et par seconde à un débit d'air de 36 mètres cubes, pesant $36.1^{kg},3 = 46^{kg},8$, et à une quantité de mouvement de $\dfrac{46,8 \times 36}{g} = \dfrac{1685}{g}$ unités. C'est le même nombre trouvé tout à l'heure, et il serait bien admissible de dire que dans ces deux cas l'impétuosité ou l'*impetus* ne diffère pas.

La première de ces deux relations peut (59) s'écrire sous l'une ou l'autre des formes suivantes :

$$\text{autour de } Ox \left\{ \begin{array}{l} md\left(y\dfrac{dz}{dt} - z\dfrac{dy}{dt}\right) = \Sigma\left(yZ - zY\right)dt \\[2em] \text{ou} \quad m\left(y\dfrac{d^2z}{dt} - z\dfrac{d^3y}{dt}\right) = \Sigma\left(yZ - zY\right)dt \end{array} \right\}$$

applicables aux trois axes par permutation tournante.

64. L'élimination de l'élément du temps entre les équations $m\,dv = R\cos(R,\,ds)\,dt$ du numéro 61 et $v = \dfrac{ds}{dt}$ donne

$$d\,\frac{mv^2}{2} = R\cos(R,\,ds).ds = \Sigma F\cos(F,\,ds).ds$$

et $\dfrac{1}{2}mv^2 - \dfrac{1}{2}mv^2_0 = \displaystyle\int_{s_0}^{s} R\cos(R,\,ds).ds = \Sigma\int_{s_0}^{s} F\cos(F,\,ds).ds.$

DÉFINITIONS. Suivant la dénomination très-expressive proposée par MM. Coriolis et Poncelet, *le produit positif ou négatif* $F\cos(F,\,ds).ds$, *d'une des forces qui agissent sur un point matériel multipliée par le chemin élémentaire que décrit son point d'application, et par le cosinus de l'angle que la direction de la force fait avec celle de l'élément de chemin prise dans le sens même de son mouvement, s'appelle le* TRAVAIL ÉLÉMENTAIRE *de cette force F* [*]; *son intégrale de* s_0 *à* s (c'est-à-dire depuis la position du point à une

[*] Il ne faut pas dire que le chemin *ds* qui entre comme facteur dans l'expression du travail d'une force soit parcouru *en vertu de cette force*. L'espace *ds* décrit dans le temps *dt* a pour expression *vdt*; il est par conséquent parcouru *en vertu de la vitesse acquise*. Bien plus, quand le travail est négatif, il serait vrai de dire que le chemin est décrit *malgré la force*. En général il est parcouru sous l'action ou pendant l'action des forces appliquées au mobile.

distance s_0 d'une origine prise sur la trajectoire jusqu'à une autre
position de ce point à la distance s de cette même origine) s'appelle le TRAVAIL TOTAL *de la force F entre les deux positions extrêmes du mobile.*

De ce que la projection d'une résultante sur une droite quelconque est égale à la somme des projections de ses composantes,
on conclut que, conformément aux équations précédentes, *le
travail d'une résultante est égal à la somme algébrique des travaux de ses composantes.*

Pour abréger l'écriture des équations où entre cette espèce
de quantité, dont l'importance est capitale dans l'application de
la dynamique générale aux machines, nous désignerons le mot
TRAVAIL par la lettre $\mathfrak{E}$; ainsi pour une force F, dont le point
d'application décrit l'élément ds de sa trajectoire, ou bien y subit, dans un temps fini, le déplacement $s - s_0$, nous écrirons

$$d\mathfrak{E}F = F\,ds \cos(F,\,ds) \quad \text{et} \quad \mathfrak{E}F = \int_{s_0}^{s} F\,ds\,(F,\,ds),$$

et les équations précédentes prendront la forme que voici, sans
changer de signification :

$$d\,\frac{mv^2}{2} = d\mathfrak{E}R = d\Sigma\mathfrak{E}F \quad \text{et} \quad \frac{1}{2}mv^2 - \frac{1}{2}mv_0^2 = \mathfrak{E}R = \Sigma\mathfrak{E}F.$$

La quantité mv^2 s'est appelée longtemps et s'appelle encore
le plus communément la *force vive* du corps dont la masse est m
et la vitesse v. Cet usage d'une dénomination employée par
Leibniz dans un tout autre sens [*] est vicieux aujourd'hui que

[*] A l'article *Leibniz* de la *Biographie universelle* de Michaud (1819,
p. 609), on lit la phrase suivante traduite d'un traité écrit par ce célèbre
philosophe en 1691 : « L'énergie, la force vive, se manifestent par l'exemple du poids supendu qui tire ou tend la corde. »

On n'est pas moins surpris de voir dans le Dictionnaire de l'Académie

le mot *force* a une signification précise et *simple* qui ne peut pas s'appliquer à la quantité *complexe* mv^2, laquelle, mise sous la forme $p\,\dfrac{v^2}{g}$ serait, non une force, mais le produit d'une force par une longueur.

En attendant qu'une expression meilleure ait été proposée et adoptée, je continuerai, comme je le fais depuis plus de vingt ans, d'appeler *puissance vive* la quantité $\dfrac{1}{2}\,mv^2$, et je dirai, dans la suite de ce cours, le motif qui me paraît justifier cette dénomination.

DÉFINITION. Ainsi *la puissance vive actuelle d'un point matériel en mouvement est la moitié du produit de sa masse par le quarré de sa vitesse.*

Les équations qui viennent d'être posées s'énoncent donc comme il suit :

THÉORÈME DU TRAVAIL. *L'accroissement élémentaire ou fini de la puissance vive (ou de la demi-force vive) d'un point matériel subissant un déplacement quelconque, est numériquement et algébriquement égal au travail des forces agissantes pendant ce déplacement.*

65. Remarques sur le travail d'une force. — La quantité élémentaire $F\,ds\cos(F,\,ds)$ peut être considérée sous deux aspects : soit 1° $F\left(ds\cos(ds,\,F)\right)$, produit de la force F par la

française (édition de 1835), au mot *force*, les phrases suivantes : « En mécanique. *Force mouvante ou motrice*, Force qui produit un mouvement actuel; et *Force morte*, celle qui, étant développée ou employée, peut produire un tel mouvement, mais dont l'effet est actuellement neutralisé. On disait aussi autrefois, *Force vive*, par opposition à *Force morte*, pour exprimer l'action de forces combinées avec leur vitesse, comme dans le choc. Aujourd'hui cette locution n'est plus employée que pour désigner le produit de la force motrice par le carré de la vitesse du point matériel auquel elle est appliquée. » C'est un chaos que les savants, qui sont en même temps littérateurs et membres de l'Académie française, feront sans doute disparaître.

projection rectangulaire, sur la direction de la force, du chemin élémentaire *ds* décrit dans l'espace par son point d'application; soit 2° *ds* $(F \cos (F, ds))$, produit du chemin *ds* par la projection rectangulaire de la force F sur la direction de ce chemin ou de la vitesse du mobile.

Si l'angle (F, ds) est aigu, le travail est positif: il est dit aussi *travail moteur*, et la force est alors dite *force mouvante*.

Si l'angle est obtus, le travail négatif est dit travail *résistant*, et la force est *résistante*.

Si une force est normale à la courbe décrite, son travail est nul; elle est sans influence sur l'accélération du mobile suivant la trajectoire.

Si une force est constante et parallèle en même sens à une direction fixe, son travail est égal au produit de la force par la projection rectangulaire, positive ou négative, sur cette direction, de la corde qui sépare les deux positions extrêmes.

En général, un travail fini est une intégrale qui se calcule soit rigoureusement, soit approximativement, quand on a la loi mathématique ou expérimentale qui lie, en grandeurs et en directions, la force aux espaces parcourus. Lorsque le travail est considéré comme indéfiniment prolongé, le cas le plus simple est celui où la force et la vitesse, suivant sa direction, sont constantes; le produit de l'une par l'autre est alors le *travail uniforme* par unité de temps : si le travail n'est constant que pour certaines durées égales qui se succèdent, le travail est périodique, et en divisant celui qui se développe pendant une période par sa durée, on a le *travail moyen* par unité de temps.

66. Unités de travail. — 1° Pour un travail limité, l'unité répond au cas où l'on a $F = 1$ kilogramme, $s = 1$ mètre, $\cos (F, ds) = 1$. Elle s'appelle, suivant la proposition de M. Poncelet, 1 kilogrammètre = 1 kg. m.

2° Un travail prolongé indéfiniment et périodiquement, à raison de 75 kilogrammètres par seconde, constitue l'unité appelée un *cheval dynamique*, quantité qu'il est peu correct de désigner sous le nom de *force de cheval*.

67. Travail et moment d'une force appliquée à un point tournant simplement autour d'un axe fixe. — Soit F une force appliquée au point A (fig. 12) qui décrit un arc de cercle dont le rayon est r autour d'un axe fixe Ox projeté rectangulairement en O sur le plan de la figure; soit P la projection rectangulaire de F sur le même plan perpendiculaire à l'axe; soit $ds = AA_1$; soit enfin p la distance des forces F et P à l'axe. En remarquant que la projection de la force F sur la direction de AA_1 ne diffère pas de sa projection de la force P sur cette même droite, et que $\cos(P, ds) = \cos(r, p) = \dfrac{p}{r}$, on a

$$d\varepsilon F = ds \cdot F \cos(F, ds) = ds \cdot P \cos(P, ds) = \frac{ds}{r} Pp.$$

Pp pris avec le même signe que le travail de F est le moment de la force F autour de l'axe Ox, quantité que nous désignons (42) par la notation $\mathfrak{M}_x F$; et $\dfrac{ds}{r}$ est le déplacement angulaire élémentaire du point A. Donc

THÉORÈME. *Le travail élémentaire d'une force pendant la rotation simple de son point d'application autour d'un axe fixe, est égal au moment de la force autour de cet axe, multiplié par le déplacement angulaire élémentaire du point d'application. Le travail et le moment ont le même signe.*

§ 4.

FORME ANALYTIQUE DE L'ÉQUATION DU TRAVAIL. CAS D'INTÉGRATION
EN FONCTION DES COORDONNÉES VARIABLES DU MOBILE (*).

68. L'équation $\dfrac{1}{2} mv^2 - \dfrac{1}{2} mv_0^2 = \Sigma \displaystyle\int F \, ds \cos(F, ds)$

(*) On peut, dans une première étude, se dispenser de lire les cinq articles de ce paragraphe.

prend une autre forme quelquefois plus commode dans les applications. On substitue aux forces F les sommes algébriques X, Y, Z, de leurs composantes parallèles à trois axes rectangulaires. La somme des travaux de ces composantes étant égale à celle des travaux des forces F, et le déplacement ds dans l'espace ayant dx, dy, dz pour projections sur des parallèles aux axes, on conclut que, eu égard aux signes des forces et des différentielles, on a toujours

$$\frac{1}{2}m\,(v^2 - v_0{}^2) = \int (X\,dx + Y\,dx + Z\,dz)\ldots\ldots\ (1).$$

69. Cas d'intégration. — Parmi les divers cas qui peuvent se présenter, les géomètres ont distingué ceux où le second membre de cette équation est intégrable en une fonction des coordonnées x, y, z.

Cette condition se réalise, par exemple, lorsque le mobile, quelles que soient ses positions, est soumis à une force unique, constante et constamment perpendiculaire à un même plan, comme est le poids d'un corps dont la trajectoire est restreinte. Si ce corps se meut librement dans le vide, on a, en prenant l'axe des z vertical descendant,

$$X = 0, \quad Y = 0, \quad Z = mg, \quad \text{et par suite} \quad v^2 - v_0{}^2 = 2g\,(z - z_0)$$

de sorte que l'accroissement du quarré de la vitesse ne dépend que de la distance entre les deux plans horizontaux passant par la position initiale et par la position finale du mobile.

La condition d'intégration serait également remplie si la force unique était constamment perpendiculaire à un plan fixe, et que son intensité ne dépendît que de la distance du mobile à ce plan. En prenant ce dernier pour plan des x et y, on aurait

$$X = 0, \quad Y = 0, \quad Z = \mathcal{J}(z)$$

et

$$v^2 - v_0{}^2 = \frac{2}{m}\int \mathcal{J}(z).dz = \frac{2}{m}\,(f(z) - f(z_0));$$

c'est-à-dire que la différence $v^2 - v_0^2$, indépendante des x, des y et des directions des vitesses, ne varie qu'avec les coordonnées z et z_0, finale et initiale; mais elle n'est plus simplement proportionnelle à la distance $z - z_0$.

Plus généralement on démontre la proposition suivante :

Théorème. *L'expression $X\,dx + Y\,dy + Z\,dz$ de la somme des travaux élémentaires qui correspondent à un déplacement ds du mobile est une différentielle exacte d'une fonction des coordonnées x, y, z de ce point, toutes les fois que les directions des forces passent par des centres fixes et que leurs intensités sont fonctions des distances du mobile à ces centres divers.*

Soit F l'une quelconque des forces (fig. 13); elle est positive si elle agit dans le sens OM, négative si elle agit dans le sens contraire. Soit $OM = r$, $MM' = ds$, $MN = dr$. Le travail élémentaire de F est, eu égard aux signes, $F\,dr$, ou d'après l'hypothèse, $f(r)\,dr$; c'est la différentielle d'une autre fonction de r que nous pouvons désigner par $\varphi(r)$. Ainsi $d\varpi F = d\varphi(r)$. Quel que soit le nombre des centres fixes et par conséquent le nombre des forces, la somme de leurs travaux élémentaires simultanés, pour un même déplacement ds, est donc exprimée par $d\,\Sigma\,\varphi(r)$, somme d'autant de termes qu'il y a de centres fixes. On a donc

$$X\,dx + Y\,dy + Z\,dz = d\,\Sigma\,\varphi(r).$$

Or, pour chacun des centres fixes tels que O dont les coordonnées sont a, b et c, on a

$$r = \sqrt{(x-a)^2 + (y-b)^2 + (z-c)^2}$$

donc $\Sigma\,\varphi(r)$ est ramenée à une somme de fonctions de x, y et z, et par conséquent à une fonction f de ces mêmes variables.

70. Conséquences de l'expression du travail en fonction des coordonnées du mobile. — De l'égalité

$$X\,dx + Y\,dy + X\,dz = d\,f(x,\,y,\,z)$$

et de l'équation (1) on conclut

$$\frac{1}{2}\,m\,(v_1{}^2 - v_0{}^2) = f(x_1,\,y_1,\,z_1) - f(x_0,\,y_0,\,z_0)\ldots(2).$$

Non-seulement le second membre ne dépend que des coordonnées x_0, y_0, z_0 de la position initiale M_0 du mobile et des coordonnées x_1, y_1, z_1 de la position finale ; mais si l'on déplace le premier point sur la surface déterminée dont l'équation est $f(x,\,y,\,z) = f(x_0,\,y_0,\,z_0)$, et le dernier point sur celle qui a pour équation $f(x,\,y,\,z) = f(x_1,\,y_1,\,z_1)$, la différence $v_1{}^2 - v_0{}^2$ restera la même.

71. Surfaces de niveau. — Les deux surfaces dont nous venons de parler sont comprises dans le nombre infini de celles qui, si l'on désigne par C un paramètre constant pour chacune d'elles, mais variable d'une surface à une autre, ont pour équation en termes finis

$$f(x,\,y,\,z) = C,$$

et pour équation différentielle

$$X\,dx + Y\,dy + Z\,dz = 0\,;$$

ce qui signifie qu'un point étant sollicité par la résultante des forces X, Y et Z, si on le transporte d'une position située sur l'une des surfaces dont il s'agit, en une position infiniment voisine sur la même surface, le travail de la résultante est nul, et que par conséquent cette résultante est normale à la surface. C'est pourquoi, et par analogie avec les plans horizontaux perpendiculaires aux diverses verticales de points peu distants les uns des autres, les surfaces dont l'équation générale est $f(x,\,y,\,z) = C$, ou $X\,dx + Y\,dy + Z\,dz = 0$, s'appellent *surfaces de niveau* correspondantes aux hypothèses précédemment posées pour les forces X, Y, Z.

72. D'après cette définition, l'équation (2) du numéro 70 peut s'énoncer ainsi :

THÉORÈME. *Lorsqu'un point matériel est soumis à des forces qui ne dépendent à chaque instant que de la position variable de ce point dans l'espace, si la loi qui assujettit ces forces donne lieu à un système de surfaces de niveau, l'accroissement du quarré de la vitesse du mobile entre deux instants ne dépend que des deux surfaces de niveau sur lesquelles ce point matériel se trouve à l'instant initial et à l'instant final, quelles que soient la direction et la grandeur de la vitesse initiale, quelque temps que le mobile mette à parvenir d'une position à l'autre, et quelque ligne qu'il décrive entre les deux : l'accroissement de la puissance vive du point matériel est toujours égal à la différence $C_1 - C_0$ de deux paramètres qui déterminent les deux surfaces de niveau extrêmes.*

Cette propriété, exprimée par l'équation (2), constitue ce que les géomètres ont appelé le *principe des forces vives*, moins général que le *théorème du travail*, indépendant de toute hypothèse, énoncé au numéro 64 et exprimé par l'équation (1) du numéro 68.

§ 5.

MOUVEMENT D'UN POINT SUR UNE COURBE DONNÉE.

73. Un point matériel, indépendamment des forces qu'il reçoit de la pesanteur ou de corps voisins, peut être assujetti dans son mouvement à rester soit sur une surface, soit sur une courbe donnée.

L'équation fondamentale $\dfrac{dv_x}{dt} = \dfrac{R_x}{m}$ ou $\dfrac{d^2x}{dt^2} = \dfrac{\Sigma F_x}{m}$ et les conséquences qu'on en tire n'ont aucune exception, et sont donc applicables à ce cas, pourvu qu'on ait égard à toutes les forces qui agissent et que par conséquent on y comprenne celles qu'exercent les corps qui empêchent le point considéré de quitter la surface ou la courbe.

Les géomètres ont admis l'existence de surfaces parfaitement invariables de forme et parfaitement polies, n'opposant aux corps qui les pressent que des résistances ou réactions normales. Les choses ne se passent pas ainsi en réalité, et quand un corps glisse sur un autre, pour représenter l'influence que le second exerce sur le premier, il faut, en outre de la réaction normale à la surface de contact, tenir compte, en chaque point glissant, d'une force, appelée *frottement*, dirigée en sens contraire du mouvement relatif tangentiellement à la surface.

Néanmoins l'hypothèse d'une résistance totale, normale à la courbe ou à la surface qu'un point est assujetti à parcourir, se réalise approximativement lorsqu'un petit corps est maintenu en mouvement, soit sur une sphère, au moyen d'un fil très-mince attaché à un point fixe, soit sur un cercle au moyen de deux fils, soit sur une courbe plane au moyen d'un fil très-flexible qui s'enroule sur la développée de la première courbe : dans ces divers cas, la masse du fil est supposée pouvoir être négligée, et il en résulte que le fil est considéré comme restant rectiligne.

Sous la réserve de ces observations, les questions relatives au mouvement d'un point sur une courbe ou sur une surface sans frottement offrent de l'intérêt. Nous ne nous occupons ici que du premier de ces deux cas.

74. A partir d'un instant initial, où le mobile peut avoir une certaine vitesse tangentielle à la courbe, toutes les circonstances du mouvement sont dues à des forces F indépendantes de la courbe (telles que le poids du mobile, l'action d'un moteur, etc.) et à une force N normale à la courbe, force qui s'appelle, pour abréger, la *réaction de la courbe*, au lieu de dire que cette force N est la résultante des réactions des corps qui obligent le corps à rester sur la courbe, quelles que soient les

forces F. Cela posé, la variation de la vitesse du mobile suivant sa trajectoire ne dépend que de la force tangentielle, et l'on a (56, 61 et 64) :

$$\frac{dv}{dt} = \frac{\Sigma \, F \cos (F, \, ds)}{m},$$

d'où

$$mv - mv_0 = \int_{t=0}^{t} \Sigma \, F \cos (F, \, ds) \, dt,$$

et

$$\frac{1}{2} \, m \, (v^2 - v_0^2) = \Sigma \int_{s_0}^{s} F \cos (F, \, ds) \, ds,$$

de sorte que, si les forces F ne dépendent à chaque instant que de la position du mobile sur la trajectoire, la vitesse du mobile en chaque position, et par suite la durée du parcours d'un point à un autre, seront calculables sans qu'on ait à s'occuper de la force N. Celle-ci sera ensuite déterminée à chaque instant en intensité et en direction, eu égard à deux conditions qu'elle remplit, savoir :

1° La force totale résultante des forces F et de la force N doit être (51) située dans le plan osculateur de la trajectoire, de sorte qu'en menant par le point mobile M une perpendiculaire Mζ au plan osculateur, on a :

$$\Sigma \, F \cos (F, \, \zeta) + N \cos (N, \, \zeta) = 0.$$

2° La propriété de la force centripète (57) donne :

$$\Sigma \, F \cos (F, \, \rho) + N \cos (N, \, \rho) = \frac{mv^2}{\rho}.$$

La force N, située dans un plan connu, plan normal à la courbe, est la résultante des deux forces rectangulaires $N \cos (N, \, \zeta)$ et $N \cos (N, \, \rho)$, données par ces deux équations.

La force égale et opposée à N s'appelle la *pression* du mobile sur la courbe.

On peut énoncer en d'autres termes, qui, en définitive, ont la même signification, l'expression de la force N ou de son opposée $-N$.

Les forces F et la force N sont, dans leur ensemble, équivalentes à l'ensemble de la force tangentielle $m \dfrac{dv}{dt}$ et de la force centripète $\dfrac{mv^2}{\rho}$, c'est-à-dire que ces deux groupes ont la même résultante ; ainsi

$$\text{Rés } (F,\ N) = \text{Rés } \left(m\ \frac{dv}{dt},\ \frac{mv^2}{\rho} \right).$$

Projetons toutes ces forces sur le plan normal à la courbe, plan qui contient N. Les projections de deux groupes seront encore équivalentes ; ainsi :

$$\text{Rés } \left(F \sin (F, ds),\ N \right) = \frac{mv^2}{\rho},$$

d'où l'on conclut

$$-N = \text{Rés } \left(F \sin (F, ds),\ -\frac{mv^2}{\rho} \right),$$

c'est-à-dire quo *la pression* $-N$ *du mobile sur la courbe est la résultante d'une force opposée à la force centripète et des projections rectangulaires de toutes les forces* F *sur le plan normal à la courbe.*

75. Le problème précédent peut se mettre en équations sans qu'on y fasse intervenir *à priori* le plan osculateur et le rayon de courbure. Soient X, Y, Z, les sommes des projections des forces F sur trois axes coordonnés rectangulaires. Ces trois forces et la force N représentent la totalité des forces qui agissent sur ce mobile ; les équations générales de son mouvement sont donc

$$m \frac{d^2x}{dt^2} = X + N \cos (N, x),$$

$$m \frac{d^2y}{dt^2} = Y + N \cos (N, y),$$

$$m \frac{d^2z}{dt^2} = Z + N \cos (N, z).$$

La direction de N étant perpendiculaire à la tangente à la courbe, on a

$$dx \cos (N, x) + dy \cos (N, y) + dz \cos (N, z) = 0,$$

équation qui exprime que la projection rectangulaire de l'élément ds de la courbe, sur la direction de N, est nulle ; et

$$\cos^2 (N, x) + \cos^2 (N, y) + \cos^2 (N, z) = 0.$$

Enfin les coordonnées du mobile satisfont aux équations de la courbe sur laquelle il se meut, savoir :

$$f (x, y, z) = 0, \quad f_1 (x, y, z) = 0.$$

On a donc sept équations entre les huit quantités

$$x, \ y, \ z, \ \cos (N, x), \ \cos (N, y), \ \cos (N, z), \ N \ \text{et} \ t.$$

§ 6.

DES FORCES APPARENTES DANS LES MOUVEMENTS RELATIFS.

76. Reportons-nous aux considérations qui appartiennent à la cinématique sur le mouvement d'un point relativement à un système de comparaison mobile, et imaginons qu'un observateur, entraîné à son insu dans ce système, considère un point matériel qui, à partir d'un instant quelconque, se meuve dans l'espace en vertu de sa vitesse acquise et de forces qui modifient à chaque instant son mouvement absolu. Non-seulement cet observateur prendra pour vitesse réelle du mobile ce qui n'est que sa vitesse relative ; mais encore, s'il constate les modifications de cette vitesse, elles lui paraîtront dues à une force totale différente de la résultante des forces qui agissent réellement sur ce corps. Supposé, par exemple, que, d'une part, le système de comparaison tourne d'un mouvement varié autour d'un axe fixe, que sa vitesse angulaire actuelle soit w et son accélération

angulaire $\dfrac{dw}{dt}$; que, d'autre part, le point matériel observé soit

immobile dans l'espace à une distance r de l'axe de rotation : non-seulement l'observateur doit attribuer à ce point une vitesse — wr (à laquelle nous donnons le signe — pour exprimer qu'elle est en sens contraire de la rotation du système), mais il le juge sollicité par une force totale se décomposant en une force tan-

gentielle — $mr\dfrac{dw}{dt}$ (le signe — indiquant encore ici le sens de

cette force) et une force centripète mw^2r; tandis que, le corps observé étant réellement immobile, la force totale ou résultante des forces qui peuvent agir sur lui est absolument nulle comme sa vitesse.

Au contraire, supposons, pour second exemple, que le point matériel soit immobile, non absolument, mais relativement au même système de comparaison, ce que nous exprimons en disant qu'il est *entraîné* dans le mouvement du système ; dans ce cas, il n'y a plus ni vitesse relative ni force totale apparente, tandis qu'en réalité non-seulement le point observé a actuellement dans l'espace la vitesse wr, dans le sens de la rotation du système, mais de plus il est sollicité par une ou plusieurs forces,

dites forces d'entraînement, équivalentes à une force tangentielle $mr\dfrac{dw}{dt}$ et à une force centripète mw^2r.

En général nous appellerons :

Force totale apparente ou relative F_r, celle à laquelle un observateur emporté à son insu dans le système de comparaison de-
vrait attribuer les modifications qu'il constaterait dans le mouvement relatif d'un point dont la masse serait connue;

Force totale d'entraînement F_e de ce même point, celle qui serait réellement nécessaire pour que, comme dans le second
exemple, un point matériel de même masse, et ayant actuellement la même position que le mobile principal, fût entraîné
dans le système de comparaison de manière à y paraître immobile ;

Force totale absolue F, la résultante des forces physiquement
exercées sur le mobile principal, et dont l'effet se combine
avec la vitesse acquise pour produire son mouvement dans l'espace, à partir de l'instant dont il s'agit.

Ces trois forces, correspondantes à trois mouvements qui
coexistent, non dans un même point, mais dans notre esprit,
donnent lieu à la question suivante.

77. Si un point matériel est considéré relativement à un
système géométrique invariable ayant un mouvement quelconque, *Quelle relation la force totale apparente due à sa masse et à
son mouvement relatif a-t-elle avec la force totale absolue qui le
sollicite et avec le mouvement du système de comparaison ?*

La solution de cette question repose sur deux propositions de
cinématique que nous rappellerons succinctement, et sur une
proposition de dynamique, expliquée au numéro 49 de ce traité.
Ce sont trois lemmes qui, bien compris, nous conduiront facilement au but que nous nous proposons.

I. *La vitesse absolue d'un point dans l'espace est la droite résultante de la vitesse relative ou apparente du même point dans le*

système de comparaison, et de sa vitesse d'entraînement, c'est-à-dire de la vitesse qu'aurait ce point dans l'espace si, à l'instant où on le considère, il était tout à coup lié invariablement au système de comparaison (*Cin.*, n° 31).

II. Quelle que soit la loi suivant laquelle un système géométrique invariable ou corps mathématiquement solide se transporte dans l'espace, on peut toujours, et d'une infinité de manières, décomposer son mouvement en une translation et une rotation. Pour cela il suffit de prendre arbitrairement un des points du système solide en mouvement, d'y faire passer trois axes coordonnés, et d'imaginer que ces trois axes se meuvent parallèlement à eux-mêmes, étant emportés par le point du solide qui est leur origine commune. Il est clair que ce solide, considéré relativement au trièdre en translation, se meut sous la condition qu'un de ses points reste fixe. C'est ce qu'on appelle un *pirouettement* autour de ce point.

Or, on démontre (*Cin.*, n° 54) que *tout mouvement élémentaire d'un système invariable dont un point est sans vitesse est une rotation instantanée autour d'un axe passant par ce point,* c'est-à-dire qu'à un instant quelconque les vitesses de tous les points du corps solide ont actuellement les mêmes relations entre elles que si le corps tournait effectivement autour de l'axe instantané : chacune de ces vitesses est dirigée perpendiculairement au plan qui passe par l'axe instantané et par le point auquel elle appartient, et elle est égale à la vitesse angulaire commune multipliée par la distance spéciale de ce point à l'axe.

La translation du trièdre, et la rotation du corps, relativement au trièdre et autour de l'axe passant par son sommet, constituent la décomposition de mouvement annoncée.

III. Si un point matériel possède à un certain instant une vitesse v, et qu'ayant une masse m il soit sollicité par une force totale F constante pendant un temps θ, la corde de la courbe qu'il décrit pendant ce temps est la résultante de la longueur $v\theta$ qui serait parcourue si la vitesse existait seule,

sans action d'aucune force, et de la droite $\dfrac{F}{m}\dfrac{\theta^2}{2}$ qui serait décrite si, la force agissant, la vitesse initiale était nulle (49).
Cette dernière droite est la déviation due à la force F pendant le
temps θ (50). Ainsi, pour rendre sensible par une image l'emploi que nous allons faire de cette proposition, figurons-nous
qu'à l'instant où un projectile s'échappe du point A (fig. 14),
avec une vitesse v, on aligne une alidade suivant la direction
de cette vitesse, et qu'au bout d'un temps θ, on constate que
le projectile arrive en M ; qu'on porte alors de A en N, suivant
la direction de l'alidade, la longueur AN égale à $v\theta$; on aura, de
N en M, la déviation due aux forces qui, pendant ce même temps,
auront sollicité le projectile ; et si l'on admet que leur résultante F ait été constante, sa direction aura été toujours parallèle à NM, et son intensité déterminée par l'équation

$$NM = \frac{F}{m}\frac{\theta^2}{2}.$$

Venons à la question proposée. A l'instant pour lequel il
s'agit d'avoir la relation cherchée, le point matériel dont nous
nous occupons passe au point géométrique A avec une vitesse v ; nous le supposons, à partir de cet instant, sollicité par
une force totale F que nous pouvons considérer comme constante pendant un temps infiniment petit θ. Au bout de ce
temps, le mobile dont la masse est m sera au point M, extré-
mité de la brisée formée de AN $= v\theta$ et de NM $= \dfrac{F}{m}\dfrac{\theta^2}{2}$.

Supposons que le mouvement de ce corps soit observé relativement à un système de comparaison lui-même en mouvement : le point A, considéré comme point géométrique lié à ce
système, se transporte en un autre point A', avec une vitesse
initiale v_e qui est la vitesse d'entraînement, de sorte que le
déplacement du point géométrique A pendant le temps θ se
serait $v_e\theta$ suivant v_e, si en ce point le mouvement du système
de comparaison était rectiligne et uniforme ; mais en général

le point A aura parcouru un élément parabolique dont la corde
sera la résultante de la droite $AB = v_e\theta$ et de la déviation BA′;
et puisqu'on appelle *force d'entraînement*, désignée par F_e, la
force dont l'effet combiné avec celui de la vitesse v_e amènerait
le corps de masse m de la position A à la position A′, il s'en-
suit que nous pouvons écrire l'égalité $BA' = \dfrac{F_e}{m}\dfrac{\theta^2}{2}$; et notons
de plus que la direction BA′ est parallèle à la force F_e et de
même sens.

Cela posé, imaginons que, pour calculer la force à laquelle
paraîtra due la déviation dans le mouvement relatif, un observateur emporté dans le système de comparaison fasse l'opération géométrique que nous avons indiquée. A l'instant initial
du temps θ il dirige, à partir du point, une alidade suivant la
direction de la vitesse relative v_r, la seule apparente pour lui.
Cette direction est la seconde composante de v, la première
composante étant v_e. On la trouve donc en achevant le parallélogramme dont AX est la diagonale et AB l'un des côtés ; l'autre
côté AR a pour direction celle de la vitesse relative, et sa longueur est égale à $v_r\theta$.

Mais pendant le temps θ, la droite AR ou, si nous continuons
de parler ainsi pour mieux fixer les idées, l'alidade AR s'est
déplacée ; son origine A, qui pour l'observateur est immobile,
est effectivement venue en A′, et la question est de savoir
quelle direction elle a, à l'instant même où le mobile observé
arrive en M.

Si le système de comparaison s'était transporté parallèlement à lui-même, l'alignement de la vitesse initiale apparente
ou relative, en d'autres termes l'alignement de l'alidade serait
constamment dirigé suivant une parallèle à AR, et puisqu'à la
fin du temps θ il a son origine en A′, en faisant A′R′ parallèle
et égale à $AR = v_r\theta$, l'observateur aurait de R′ en M l'espace
dû en grandeur et en direction à la force totale apparente F_r.

Ainsi la droite R'M serait égale à $\dfrac{F_r}{m}\dfrac{\theta^2}{2}$; et comme on a en même temps $NR' = BA' = \dfrac{F_e}{m}\dfrac{\theta^2}{2}$ et $NM = \dfrac{F}{m}\dfrac{\theta^2}{2}$, respectivement parallèles à F_e et à F, les trois droites NM, NR' et R'M se trouvant parallèles en même sens et proportionnelles aux trois forces F, F_e et F_r, on en conclurait que la force totale absolue F serait la résultante de la force d'entraînement F_e et de la force apparente F_r, relation qui n'est au fond qu'une traduction du principe fondamental de la composition des effets des forces (18), et qui est d'ailleurs toute pareille à la relation existante entre les trois vitesses v, v_e et v_r (lemme I ci-dessus).

Mais le système de comparaison ayant un mouvement composé de la translation commune au point A et d'une rotation w autour d'un axe passant par ce point, pour obtenir la direction de la droite ou alidade AR, à la fin du temps θ, il faut, après avoir transporté le point A dans sa position finale en A', et avoir amené cette droite parallèlement à elle-même en A'R', il faut, disons-nous, la faire tourner autour d'un axe tel que OA', axe instantané de rotation (lemme II), et lui faire subir un déplacement angulaire $w\theta$. L'extrémité de la droite $v_r\theta$, d'abord transportée de R en R', doit donc arriver en N', qui s'obtient en abaissant sur OA' la perpendiculaire R'C qu'on fait tourner autour de cet axe d'un angle R'CN' égal à $w\theta$.

Ainsi, d'une part, à la fin du temps θ, le mobile observé arrive en M, et d'autre part, à ce même instant l'extrémité de la droite représentant aux yeux de l'observateur l'espace $v_r\theta$ dû à la seule vitesse apparente v_r arrive en N'; donc la droite allant de N' en M est pour cet observateur la déviation due à la force apparente F_r : par conséquent cette force est liée à la longueur N'M par la relation $N'M = \dfrac{F_r}{m}\dfrac{\theta^2}{2}$.

Maintenant, en considérant le contour polygonal $NR'N'M$ qui, partant de N, arrive à l'extrémité de la droite NM, nous voyons que cette dernière droite, égale à $\dfrac{F}{m}\dfrac{\theta^2}{2}$ et due à la force F agissant pendant le temps θ sur le corps de masse m, est la résultante des trois droites NR', $R'N'$ et $N'M$ (qu'on peut mettre dans l'ordre $N'M$, NR' et $R'N'$ sans en changer le sens), savoir :

l'espace $\quad N'M = \dfrac{F_r}{m}\dfrac{\theta^2}{2}\quad$ et dû à la force totale apparente F_r,

l'espace $\quad NR' = \dfrac{F_e}{m}\dfrac{\theta^2}{2}\quad$ et dû à la force totale d'entraînement F_e,

et enfin l'espace $R'N'$ qu'on peut, par analogie, regarder comme dû à une certaine force F' qui agirait, comme les trois autres, sur un point de masse m pendant le temps θ, ce qui établit la relation $\quad R'N' = \dfrac{F''}{m}\dfrac{\theta^2}{2}$. Par conséquent, eu égard au facteur $\dfrac{\theta^2}{2m}$ commun aux quatre distances, la force F est la résultante des trois forces F_r, F_e et F', ce que nous écrivons ainsi :

$$F = \text{Rés }(F_r,\ F_e,\ F').$$

Il ne reste plus qu'à exprimer F' en fonction des données du problème. Or, l'arc $R'N'$ se confondant avec sa corde, nous avons

$$R'N' = CR'\ \text{angle } M'CN' = CR'w\theta,$$

et la distance CR' est le produit de la longueur $A'R'$ ou $v_r\theta$ par le sinus de l'angle $CA'M'$ que la vitesse angulaire v_r fait avec l'axe de rotation OA'. C'est ce que nous exprimons par une notation abrégée, dans laquelle $(v_r,\ w)$ signifie l'angle de la vitesse v_r avec l'*axe* de la rotation w, savoir :

$$CR' = v_r\theta \sin (v_r,\ w);$$

ou bien CR' est la projection rectangulaire de $v_r\theta$ sur un plan

tel que R'CN' perpendiculaire à l'axe de rotation, c'est-à-dire
que CR' est égale au produit de θ par la projection rectangulaire
de la vitesse v_r sur ce même plan. Nous désignons cette projection par u_r, et par suite nous pouvons écrire simplement

$$CR' = u_r \theta.$$

Ainsi nous avons $R'N' = v_r \theta \sin(v_r,\, w).w\theta = u_r \theta.w\theta$,

ce qui, avec la relation précédente $R'N' = \dfrac{F'}{m}\dfrac{\theta^2}{2}$, nous donne

$$F' = 2\, m\, v_r w \sin(v_r,\, w) = 2m u_r w,$$

et enfin

$$F = \text{Rés}\left(F_r,\ F_e,\ 2m v_r w \sin(v_r,\ w)\right) = \text{Rés}\left(F_r,\ F_e,\ 2m u_r w\right).$$

Pour bien comprendre cette formule, il faut, non-seulement
avoir présente à l'esprit la signification des notations F, F_r et F_e,
qui, comme il a été expliqué plus haut, désignent en intensités
et directions, des forces appliquées au mobile soit réellement
(c'est la force absolue F), soit fictivement (c'est la force totale apparente F_r et la force d'entraînement F_e); mais il faut encore se
rappeler que le produit $2m v_r w \sin(v_r,\, w)$ ou $2m u_r w$ désigne
une force F' dont il exprime l'intensité et dont la direction,
partant, comme les trois autres forces, du point A, est celle de
la ligne R'N', qui dans le plan R'CN' fait avec le prolongement de CR' un angle droit décrit dans le sens de la rotation w.

La force F' variant en raison composée de la rotation w et de
la vitesse relative projetée u_r, nous l'appellerons, pour abréger,
la *force composée,* au lieu de conserver, comme le font plusieurs
auteurs, la dénomination de *force centripète composée,* qui ne
paraît pas justifiée et qui, d'abord proposée par Coriolis, a été
abandonnée par lui-même dans son dernier ouvrage; concluons :

THÉORÈME. *Un point matériel pouvant être considéré soit dans son mouvement absolu, soit dans son mouvement relatif à un système de comparaison mobile, la force totale absolue qui le sollicite réellement, est égale à la résultante de trois forces fictives, savoir : 1° la force totale apparente dans le mouvement relatif ; 2° la force d'entraînement ; 3° une force, dite composée, dont la valeur est le double du produit de la masse multipliée par la vitesse angulaire actuelle du système et par la projection rectangulaire de la vitesse relative du mobile sur un plan mené par ce point perpendiculairement à l'axe de rotation instantanée du système, la direction de cette force faisant, dans le même plan et à partir de la direction de la vitesse relative projetée, un angle droit décrit dans le sens de la rotation instantanée.*

Il résulte de cette détermination de la force composée, qu'*elle est perpendiculaire tout à la fois à la vitesse relative et à l'axe de la rotation instantanée du système de comparaison.*

78. De la formule dont cet énoncé est la traduction on conclut

$$F_r = \text{Rés} \left(F, -F_c, -2m u_r w \right),$$

c'est-à-dire que *la force totale relative ou apparente dans le mouvement relatif est la résultante de la force totale absolue ou réelle, et des deux forces fictives qui sont égales et directement opposées l'une à la force d'entraînement, l'autre à la force composée ci-dessus définie. Cette seconde force fictive fait par conséquent, avec la vitesse relative projetée* u_r, *un angle droit décrit en sens contraire de la rotation instantanée du système de comparaison.*

79. Cas particuliers. — I. Lorsque le système de comparaison n'a qu'un mouvement de translation, w est nulle, $F_r = \text{Rés} (F, -F_c)$. Si cette translation est rectiligne et uniforme, $F_c = 0$, les deux forces F_r et F sont égales ; les vitesses seules sont différentes. Si la translation commune à tous les points du système de comparaison est circulaire avec une vitesse v_c et un rayon ρ, w reste nulle, et l'on a $F_e = \dfrac{m\,v_e^2}{\rho}$ dirigée du point

mobile vers le centre du cercle qu'il décrit, la force $F_e = \dfrac{m\,v_e^2}{\rho}$

est centripète, la force $-F_e$ est centrifuge.

II. Lorsque le système de comparaison tourne simplement autour d'un axe fixe, ρ étant la distance actuelle du mobile à cet axe, on a $F_e = m w^2 \rho$ centripète. Si le point considéré est en repos relatif, v_r et F_r sont nulles, la formule

$$F = \text{Rés } (F_r, F_e, 2m w v_r)$$

se réduit à $\qquad\qquad F = F_e = m w^2 \rho,$

ce qui doit être. Si le point observé est en repos absolu, on a $F = 0$, et $v_r = w\rho$ perpendiculairement au rayon en sens contraire de la rotation; ainsi, $\sin (v_r\, w) = 1$, et l'opposée de la force composée $2m w v_r \sin (v_r, w)$ a pour valeur absolue $2m w^2 \rho$. Quant à sa direction, faisant avec v_r un angle droit décrit en sens contraire de la rotation, elle est par conséquent *centripète*. Enfin $-F_e$, opposée à la force centripète F_e, est égale à $m w^2 \rho$ et *centrifuge*. Donc, d'après la formule

$$F_r = \text{Rés } (F, -F_e', -F_e),$$

F_r est la résultante d'une force $2m w^2 \rho$ centripète et d'une force $m w^2 \rho$ centrifuge. Elle se réduit donc à la force apparente $m w^2 \rho$ centripète, comme cela devait être.

80. Théorèmes généraux de la dynamique d'un point matériel en mouvement relatif. — Puisqu'un point matériel se meut, relativement au système de comparaison, exactement comme il le ferait dans l'espace absolu, si, outre les forces réelles qui le sollicitent, il subissait les deux forces fictives précédemment définies, il s'ensuit que

Tous les théorèmes de la dynamique d'un point matériel en mouvement absolu s'appliquent à un point matériel en mouvement relatif à un système de comparaison mobile, mais de forme invariable, pourvu qu'aux forces réelles qui déterminent le mouvement absolu du mobile, on joigne à chaque instant les deux forces fictives $-F_e$ *et* $-2mwv_r$ sin $(v_r\,w)$, *opposées l'une à la force d'entraînement, l'autre à la force composée.*

Parmi ces théorèmes, celui du travail (64) mérite une mention particulière : *La seconde force fictive étant constamment normale à la vitesse relative, son travail est nul*, et par conséquent l'équation du travail se réduit à la relation

$$\frac{1}{2}\, m\, (v_r{}^2 - v_{01}{}^2) = \bar{e}F - \bar{e}F_c.$$

La seconde force apparente disparaît également quand le point matériel est en repos relatif, puisque la vitesse relative v_r est nulle, quoique le point se meuve en réalité dans l'espace. La force relative F_r étant également nulle dans ce cas, il en résulte que

Dans le cas de repos relatif, la force réelle est, en grandeur et en direction, identique à la force d'entraînement (*).

81. Influence de la rotation de la terre sur la pesanteur. — La révolution annuelle de la terre autour du soleil est due à une vitesse initiale et à l'attraction que cet astre exerce conti-

(*) La découverte de la théorie des forces apparentes dans les mouvements relatifs, est due à Coriolis qui l'a établie par la transformation analytique des coordonnées du point mobile (*Journal de l'Ecole polytechnique*, cahiers XXI et XXIV). Je crois être le premier qui en aie donné une démonstration géométrique pour les deux cas simples de la translation et de la rotation du système de comparaison, dans mon cours professé en 1840 à l'Ecole centrale des arts et manufactures et imprimé en 1847. Avant 1840 cette intéressante et utile théorie ne faisait partie, à ma connaissance, d'aucun enseignement public.

nuellement sur toutes les parties de notre globe. Lorsqu'il s'agit des phénomènes mécaniques ordinaires, et non des grands phénomènes tels que celui des marées, dont l'étude appartient à l'astronomie, on peut considérer cette attraction solaire comme produisant à chaque instant sur tous les points matériels du globe terrestre des forces parallèles et proportionnelles à leurs masses, d'où il suit (18) que l'on peut en faire abstraction sans rien changer aux mouvements relatifs que nous observons. On peut également supprimer par la pensée la vitesse du centre de la terre, laquelle est à peu près constante et d'environ 30 000 mètres par seconde; car cela revient à composer chacune des vitesses réelles avec cette vitesse de 30 000 mètres prise en sens contraire, ce qui ne change rien au mouvement relatif; dès lors l'axe de la terre qui, en réalité, se meut à très-peu près parallèlement à lui-même, est considéré comme fixe, et la partie solide du globe forme un système tournant uniformément autour de cet axe.

La durée de chaque révolution accomplie dans ce mouvement de rotation s'appelle *jour sidéral* et vaut 86 164 secondes, c'est-à-dire qu'elle est de 236 secondes plus courte que le jour moyen solaire. On a donc dans ce cas

$$w = \frac{2\pi}{86\,164} = \frac{3,1416}{43\,082} = 0,000073\ldots$$

d'où il suit que, pour les vitesses v_r que nous avons l'occasion d'observer, la force composée, égale à $2mwv_r$ ou à $2\frac{p}{g}wv_r$, est ordinairement une fraction très-petite du poids p et peut être négligée.

Moyennant cette hypothèse très-approximative, la formule du numéro 78, appliquée à un point matériel en mouvement ou en repos près de la surface de la terre, devient

$$F_r = \text{Rés } (F_1 - F_c).$$

La force $-F_e$, opposée à la force d'entraînement, est ici (79, II) perpendiculaire à l'axe de rotation, centrifuge et égale à $mw^2\rho$, le rayon du parallèle du lieu d'observation étant ρ.

A l'équateur, par exemple, la force $-F_e$ est verticale et ascendante. Quant à sa valeur, on sait qu'on a pour la circonférence de l'équateur terrestre $2\pi\rho = 40\,072\,000$ mètres à moins de 1 kilomètre près, ce qui, à cause de $w = \dfrac{2\pi}{86\,164}$, donne

$$F_e = mw^2\rho = \frac{4\pi^2\rho m}{(86\,164)^2} = \frac{2\pi.40\,072\,000m}{(86\,164)^2} = 0,034m$$

approximativement, l'unité de longueur étant le mètre.

Appliquons la formule $F_r = \text{Rés}\,(F,\,-F_e)$ au mouvement d'un corps dans le vide à l'équateur; la force réelle se réduit à la force attractive verticale de la terre, que nous désignerons par A, tandis que la force F_r, également verticale et descendante, est le poids p du corps dans le lieu de l'observation, force capable de produire l'accélération apparente g en ce même lieu, de sorte qu'on a $F_r = p = mg$. La formule se réduit donc à

$$mg = A - 0^m,034.m$$

Or, on sait par l'expérience faite à l'aide du pendule (comme il sera expliqué au numéro 104) qu'à l'équateur l'accélération $g = 9^m,780$. Nous en concluons

$$A = (9^m,780 + 0^m,034)\,m = 9^m,814.m.$$

Les trois nombres $9,814$; $9,780$ et $0,034$ sont donc proportionnels

A la force A, qui serait le poids du corps si la rotation de la terre n'existait pas;

A la force mg ou p, qui est le poids proprement dit du même corps sur l'équateur;

Et à la force F_e, qui se retranche de la première pour donner la seconde, de sorte que F_e est la *perte de poids* du corps, due à la rotation.

Cette perte n'est qu'une petite fraction de la force attractive totale, savoir :

$$\frac{F_e}{A} = \frac{0,031}{9,811} = \frac{1}{289} = \frac{1}{(17)^2};$$

et comme elle a pour expression $mw^2\rho$, il en résulte que, si la rotation de la terre était dix-sept fois plus rapide, la force centrifuge, $-F_e$ à l'équateur, serait égale et opposée à la force attractive A, et le poids p dans cette région serait nul.

Remarque sur la définition de poids d'un corps. En général, la force que nous appelons le *poids* d'un corps en un lieu déterminé de la terre et que nous définissons en disant que *cette force est capable de produire l'accélération g que nous observons* en ce lieu, est la résultante de la force réelle attractive A dirigée vers le centre de la terre et de la force fictive centrifuge $-F_e$ perpendiculaire à l'axe de rotation ; et lorsque nous disons qu'un corps libre dans le vide est abandonné à l'action de son poids et descend de la hauteur $\frac{1}{2}\,gt^2$ dans le temps t, ce n'est qu'une double fiction qui répond exactement à l'apparence du phénomène. En réalité, même si l'on admet la fixité de l'axe de la terre, la force qui s'exerce sur le corps est plus grande que son poids, mais aussi il parcourt en tombant un espace plus grand dans le sens vertical que celui que nous observons, puisque pendant la durée de la chute le point de départ, considéré comme point géométrique, entraîné dans la rotation de la terre, descend lui-même d'une certaine quantité au-dessous du plan horizontal primitif. Les deux différences se compensent, pourvu que l'étendue du déplacement du mobile ne soit pas trop grande.

Seconde définition du poids d'un corps. On définit aussi exac-

tement le poids d'un corps en disant qu'il est égal à la pression
que ce corps exerce sur un appui qui le maintient en repos, ou
bien qu'il est égal et opposé à la force capable de maintenir ce
corps en repos. Mettons en langage algébrique la démonstration
qui prouve que cette définition revient à la précédente. Supposons qu'un corps soit soumis non-seulement à la force attractive A, mais encore à une autre force réelle F. Nous aurons pour
la force apparente totale

$$F_r = \text{Rés}\ (A,\ F,\ -F_e).$$

Si l'on fait $F = 0$, F_r devient le poids

$$p = \text{Rés}\ (A,\ -F_e)\ ;$$

si au contraire F tient le corps en repos, alors

$$F_r = 0 = \text{Rés}\ (A,\ F,\ -F_e),$$

par conséquent, comme dans le premier cas,

$$-F = \text{Rés}\ (A,\ -F_e) = p.$$

82. Équations du mouvement relatif d'un point matériel.
— Proposons-nous de traduire la formule géométrique

$$F_r = \text{Rés}\ \left(F,\ -F_e,\ -2m w v_r \sin\ (v_r,\ w)\right)$$

en fonctions des coordonnées du point matériel rapporté à trois
axes Ox, Oy, Oz rectangulaires, liés au système de comparaison,
de manière à ramener, s'il est possible, à des intégrations la détermination des relations des coordonnées x, y, z du mobile
avec le temps. La masse du corps étant m, la force F_r a pour
projections ou composantes suivant les axes,

$$m\,\frac{d^2x}{dt^2},\ m\,\frac{d^2y}{dt^2},\ m\,\frac{d^2z}{dt^2}.$$

Nous représenterons par X, Y, Z les composantes parallèles à ces axes de la force totale absolue F, et par X_e, Y_e, Z_e les composantes analogues de la force d'entraînement F_e, lesquelles dépendent à chaque instant du mouvement du système de comparaison, et de la position du mobile dans ce système. La vitesse v_r a pour projections ou composantes parallèles aux axes,

$$\frac{dx}{dt}, \frac{dy}{dt}, \frac{dz}{dt}, \quad \text{ou} \quad v_x, v_y, v_z.$$

Quant à la rotation instantanée du système de comparaison, nous ferons usage d'une convention à laquelle nous avons fait allusion au numéro 45, après avoir défini ce que nous appelons l'axe représentatif du moment d'une force autour d'un point.

Sur la droite autour de laquelle un corps tourne, on prend, à partir d'un point O, une distance OA contenant autant d'unités de longueur qu'il y a d'unités abstraites dans la vitesse angulaire w de la rotation. Ainsi, relativement aux unités respectives, $OA = w$. De plus, le sens allant de O en A est tellement choisi qu'un observateur placé en O et dirigeant ses regards du côté de A verrait la rotation du corps dont il s'agit se faire dans un sens convenu, par exemple dans le sens où nous voyons tourner une aiguille d'horloge (C'est le sens que les astronomes appellent *sens direct* des rotations, comme celle de la terre, autour d'axes qui, partant de points du système solaire, se dirigent vers la région céleste où se trouve le pôle boréal ; c'est encore le sens de la rotation d'une vis ordinaire qu'on enfonce dans un corps fixe, etc.). Ainsi la droite OA représente tout à la fois trois choses : l'alignement de l'axe de rotation, le sens et la grandeur de la vitesse angulaire. Nous l'appelons l'axe représentatif de la rotation.

Cet axe partant de l'origine O des axes coordonnés sera défini complétement par ses trois projections sur ces axes, quantités positives ou négatives que nous désignons par w_x, w_y et w_z.

Cela étant convenu et appliqué au système de comparaison, nous obtiendrons les projections, sur les trois axes, de la seconde force fictive $-2mwv_r \sin(v_r, w)$, à l'aide des deux propositions fort simples qui suivent.

I. *Si la vitesse relative v_r est la résultante de deux vitesses v' et v'', la force composée $-2mwv_r \sin(v_r, w)$, due à v_r et à la rotation w, est la résultante de deux forces qui seraient dues de la même manière aux vitesses v' et v'' combinées séparément avec la même rotation w.*

En effet, soit OW (fig. 15) la direction de l'axe de la rotation w, et soient u, u', u'', les projections rectangulaires de v_r, v', v'', sur un plan mené par le point O perpendiculairement à OW; les trois forces dont il s'agit sont dans ce plan, puisqu'elles sont perpendiculaires à l'axe de rotation.

La force $-2mwu$, due à w et v_r, est représentée par une droite telle que OU, faisant avec u un angle droit décrit en sens contraire de la rotation w, dont l'axe représentatif irait de O vers W.

La force $-2mwu'$, due à w et v', est représentée par OU' perpendiculaire de même à u';

La force $-2mwu''$, due à w et v'', l'est par OU'' perpendiculaire à u''. Ces trois forces sont proportionnelles à u, u' et u'', et font entre elles les mêmes angles; donc, de même que u est la résultante de u' et de u'', la première force est la résultante des deux autres.

La même proposition s'étend évidemment à un nombre quelconque de vitesses composantes.

II. *Si la rotation w est la résultante de deux rotations w' et w'', c'est-à-dire si l'axe représentatif de la rotation w est la droite résultante de deux droites w' et w'', représentant deux autres rotations, la force $-2mwv_r \sin(w, v_r)$, due à w et à une vitesse relative v_r, est la résultante des deux forces qui seraient dues de la même manière aux rotations w' et w'', combinées séparément avec la même vitesse v_r.* Pour le démontrer, considérons deux cas.

PREMIER CAS (Fig. 16). La vitesse v_r est perpendiculaire au plan qui contient les axes des trois rotations w, w', w''. Les trois forces dont il s'agit sont alors dans ce plan, puisqu'elles sont perpendiculaires à v_r (77). Pour chaque force le facteur sinus est 1.

La force $-2mv_r w$, due à v_r et w, est représentée par OF perpendiculaire à w, l'angle droit allant de v_r à OF en sens opposé de rotation w;

La force $-2mv_r w'$, due à v_r et w', est représentée par OF' perpendiculaire à w';

La force $-2mv_r w''$, due à v_r et w'', l'est par OF perpendiculaire à w''.

Ces trois forces sont proportionnelles à w, w', w'' et font entre elles les mêmes angles ; donc, de même que w est la résultante de w' et w'', la première force est la résultante des deux autres.

DEUXIÈME CAS (Fig. 17). La vitesse v_r est dans le plan qui contient les axes des trois rotations w, w', w''. Les trois forces dont il s'agit sont perpendiculaires à ce plan, puisque chacune est perpendiculaire à v_r et à l'un des trois axes (77). Menons dans ce plan une droite perpendiculaire à v_r, et soient OB, OB', OB'' les projections rectangulaires sur cette droite des trois axes représentatifs des rotations w, w', w''.

La force $-mv_r w \sin (v_r, w)$ est égale à mv_r OB,
La force $-mv_r w' \sin (v_r, w')$ »   à mv_r OB',
La force $-mv_r w'' \sin (v_r, w'')$ »   à mv_r OB'',

et ces trois forces sont dirigées suivant la perpendiculaire en O en avant du plan de la figure.

Or, de ce que $w = $ Rés (w', w''), il résulte que OB $=$ OB'+OB''; donc la première force est la somme et par conséquent la résultante des deux autres.

Quelle que soit la direction de la vitesse v_r, on peut la décomposer en deux v', v'', l'une perpendiculaire, l'autre parallèle au plan des axes des rotations w, w', w''. Chacune de ces vitesses, combinée avec w' et w'', donne, comme on vient de le voir, deux forces ; puis, en groupant ces forces deux à deux, d'après la proposition I, on vérifie la proposition II en général. On l'étend ensuite facilement au cas où la rotation w serait la résultante d'un nombre quelconque de rotations concourantes.

Cela posé, revenons à la question énoncée au commencement de cet article. Chacune des rotations w_x, w_y, w_z, doit être combinée avec chacune des vitesses v_x, v_y, v_z. Or w_x avec v_x, w_y avec v_y, w_z avec v_z ne donnent aucune force composée, parce que le facteur sinus est nul. Il reste six forces à exprimer, suivant les axes coordonnés liés au système de comparaison, et disposés de manière que le sens positif des rotations tourne de Ox vers Oy autour de Oz, qu'il tourne de Oy vers Oz autour de Ox, qu'il tourne enfin de Oz vers Ox autour de Oy.

$$w_z \text{ et } v_y \text{ donnent la force} + 2mw_z v_y \text{ suivant } Ox,$$
$$w_z \text{ et } v_x \quad » \quad \text{la force} - 2mw_z v_x \quad » \quad Oy,$$
$$w_x \text{ et } v_z \quad » \quad \text{la force} + 2mw_x v_z \quad » \quad Oy,$$
$$w_x \text{ et } v_y \quad » \quad \text{la force} - 2mw_x v_y \quad » \quad Oz,$$
$$w_y \text{ et } v_x \quad » \quad \text{la force} + 2mw_y v_x \quad » \quad Oz,$$
$$w_y \text{ et } v_z \quad » \quad \text{la force} - 2mw_y v_z \quad » \quad Ox,$$

En réunissant les deux forces partielles qui se rapportent à chaque axe, on obtient la projection ou la composante parallèle à cet axe de la deuxième force apparente; puis, en écrivant que la projection de F_r sur chaque axe est égale à la somme des projections sur le même axe de ses composantes réelles et apparentes, on obtient les trois équations :

$$m \frac{d^2 x}{dt^2} = X - X_e + 2m \, (v_y \, w_z - v_z \, w_y),$$

$$m \frac{d^2 y}{dt^2} = Y - Y_e + 2m \, (v_z \, w_x - v_x \, w_z),$$

$$m \frac{d^2 z}{dt^2} = Z - Z_e + 2m \, (v_x \, w_y - v_y \, w_x)$$

ou bien

$$m\,\frac{d^2x}{dt^2} = X - X_e + 2mw\left(\frac{dy}{dt}\cos(w, z) - \frac{dz}{dt}\cos(w, y)\right)$$

$$m\,\frac{d^2y}{dt^2} = Y - Y_e + 2mw\left(\frac{dz}{dt}\cos(w, x) - \frac{dx}{dt}\cos(w, z)\right)$$

$$m\,\frac{d^2z}{dt^2} = Z - Z_e + 2mw\left(\frac{dx}{dt}\cos(w, y) - \frac{dy}{dt}\cos(w, x)\right)$$

dont chacune se déduit de la précédente par une permutation
tournante dans l'ordre x, y, z, x.

CHAPITRE I.

QUESTIONS SUR LE MOUVEMENT RECTILIGNE.

---

§ 1.

PROBLÈMES SUR LE MOUVEMENT VERTICAL UNIFORMÉMENT VARIÉ DES CORPS DANS LE VIDE.

83. *Calculer la profondeur x d'un puits d'après le temps T qui s'écoule depuis le départ d'un corps tombant sans vitesse initiale, jusqu'à ce que le bruit de sa chute arrive à l'entrée du puits, la vitesse du son étant de 337 mètres $= a$.* On prend pour inconnue auxiliaire la durée t de la chute, en faisant abstraction de la résistance de l'air.

On pose $\quad x = \dfrac{g t^2}{2} \quad$ et $\quad x = a\,(T - t);\quad$ par conséquent

$$\frac{g t^2}{2} + a t - a T = 0 \quad \text{d'où} \quad t = \frac{1}{g}\left(- a \pm \sqrt{a^2 + 2 g a T}\right)$$

et enfin $\quad x = a\left(T - \dfrac{a}{g}\left(-1 + \sqrt{1 + \dfrac{2 g T}{a}}\right)\right).$

84. *Un corps, en tombant d'un point* **O** *(fig. 18), sans vitesse* initiale, a parcouru de A en B l'espace h en un temps θ plus petit

que $\sqrt{\dfrac{2h}{g}}$. Déterminer le point supérieur O d'où il est tombé,

c'est-à-dire la distance $OA = x$. On prend pour inconnue auxiliaire la durée de la chute de O en A.

85. *Un corps pesant passe en* A *avec une vitesse* v, *supposée
descendante; un autre corps pesant passe en* A' *un temps* t' *plus
tard avec une vitesse* v'; *la distance* AA' *est* h. *Il s'agit de trouver le lieu* M *et l'instant de leur rencontre sur la verticale.* On
prend pour inconnues la distance x du point M au point A, et le
temps t que le premier mobile emploie à parcourir cet espace. On a

$$x = vt + \frac{1}{2}\,gt^2 \quad \text{et} \quad x - h = v'\,(t - t') + \frac{1}{2}\,g\,(t - t')^2\,;$$

t se trouve d'abord, par une équation du premier degré. La
discussion des divers cas de cette question, analogue au
problème élémentaire des courriers, n'offre pas de difficulté.

86. *Deux corps partent sans vitesses initiales d'un même point
à deux instants différents qui peuvent être très-rapprochés. Déterminer l'instant où ils sont séparés par un intervalle donné* a,
et les chemins qu'ils auront alors parcourus. Soit x l'espace parcouru pendant le temps t par le premier corps; on a, l'intervalle
des deux instants de départ étant t',

$$x = \frac{1}{2}\,gt^2 \quad \text{et} \quad x - a = \frac{1}{2}\,g\,(t - t')^2\,; \quad \text{d'où} \quad t = \frac{a}{gt'} + \frac{t'}{2}.$$

Exemple : $t' = 0,01$ de seconde, et $a = 0,01\,g = 0^m,0981$.
On trouve $t = 1^s,005$ et $x = 4^m,954$.

§ 2.

MOUVEMENT RECTILIGNE OSCILLATOIRE.

87. *Un point dont la masse est m se meut sur une droite Ox, de manière à coïncider continuellement avec la projection rectangulaire M sur cette droite d'un point N qui se meut uniformément sur une circonférence de rayon ON avec une vitesse constante V ; trouver quelle est la force nécessaire pour produire le mouvement du point matériel.*

Soient r le rayon ON (fig. 19),

x la distance variable OM,

t le temps pendant lequel le point mobile sur la circonférence passe de L en N, et sa projection de O en M,

v la vitesse de la projection M, à la fin de ce temps t.

On a

$$\text{angle } LON = \frac{Vt}{r} \, ;$$

$$x = r \sin \frac{Vt}{r}, \quad v = V \cos \frac{Vt}{r},$$

d'où

$$\frac{dv}{dt} = -\frac{V^2}{r} \sin \frac{Vt}{r} = -\frac{V^2}{r^2} x.$$

Ainsi, la force cherchée est $\quad -m \dfrac{V^2}{r^2} x,\quad$ c'est-à-dire dirigée continuellement suivant la droite parcourue, vers le point où s'y projette le centre du cercle, et proportionnelle à la distance du mobile à ce point. En la désignant par $-Qx$, nous aurons

$$Q = m \frac{V^2}{r^2}.$$

On arriverait immédiatement à ce résultat en remarquant :
1° que le point de masse m, qui se mouvrait sur le cercle avec la
vitesse constante V, serait sollicité par une force totale centripète égale (58,3°) à $\dfrac{mV'^2}{r}$, et 2° que le mouvement de la projection est (53) celui qui serait dû à la projection de cette
force $\dfrac{mV'^2}{r}$, c'est-à-dire à la force $-\dfrac{mV'^2}{r} \cdot \dfrac{x}{r}$.

La durée d'une demi-révolution sur le cercle étant $\dfrac{\pi r}{V}$ ou

$\pi \sqrt{\dfrac{m}{Q}}$, c'est aussi la durée des oscillations du point matériel.

88. *Un point dont la masse est m se meut sur la verticale* AM
(fig. 19) sous l'action de deux forces, l'une constante P *supposée
dans le sens* AM, *l'autre toujours dirigée vers le point* A *(soit que
le mobile se trouve au-dessus ou au-dessous de* A*), et proportionnelle à sa distance à ce même point. Trouver les lois de ce mouvement.*

Soit M la position variable du mobile, et soit z sa distance
AM au-dessous du point A. La seconde force sera représentée
par $-Qz$, la valeur qui correspond à l'unité de z étant Q. Ainsi,
le mobile est à chaque instant sollicité par la force totale

$$P - Qz \quad \text{ou} \quad -Q\left(z - \frac{P}{Q}\right),$$ qu'on réduit à $-Qx$, en faisant

$$x = z - \frac{P}{Q},$$ c'est-à-dire en prenant l'origine des x au point O

situé à la distance $\dfrac{P}{Q}$ au-dessous de A.

L'analogie de la question actuelle avec la précédente est frap-
pante, et l'on ramènerait aisément l'une à l'autre; mais trai-
tons-la *à priori.*

L'équation différentielle du mouvement dont il s'agit est

$$m\frac{dv}{dt} = -\,Qx,$$

d'où l'on conclut (29, 5°), en désignant par v_1 la vitesse du mobile à l'instant où la distance x a la valeur x_1,

$$\tfrac{1}{2}\,mv^2 - \tfrac{1}{2}\,mv_1{}^2 = -\int_{x_1}^{x} Qx\,dx = \tfrac{1}{2}\,Q\,(x_1{}^2 - x^2),$$

équation qu'on pouvait écrire immédiatement d'après le théorème du travail (64).

Pour la simplifier, réunissons les constantes et posons

$$mv_1{}^2 + Qx^2_1 = mv_0{}^2 ;$$

il en résulte

$$mv^2 = mv_0{}^2 - Qx^2,$$

de sorte que la constante v_0 est la vitesse du mobile à l'instant où il passe au point O, et est d'ailleurs connue quand on donne la vitesse v_1 correspondante à la distance x_1 ou $z_1 - \dfrac{P}{Q}$. On a donc, à un instant quelconque,

$$v = \pm\sqrt{\frac{Q}{m}}\sqrt{\frac{mv_0{}^2}{Q} - x^2}.$$

On en conclut que les valeurs extrêmes de x, qui correspondent à $v = 0$, sont

$$\pm\,v_0\sqrt{\frac{m}{Q}},$$

et par conséquent les valeurs extrêmes de la force Qz, égale à $Q\,x + P$, sont

$$P + v_0\sqrt{mQ}.$$

En général, la vitesse v, dont le maximum est v_0, est proportionnelle à l'ordonnée MN qui répond à l'abscisse $x = $ OM dans un cercle dont le rayon OB, que nous représenterons par r, est

$$v_0 \sqrt{\frac{m}{Q}}.$$

Il reste à trouver le temps que le mobile met à parcourir la distance x. A cet effet, on remplace v par $\dfrac{dx}{dt}$, et l'on a

$$dt = \sqrt{\frac{m}{Q}} \; \frac{dx}{\sqrt{r^2 - x^2}}; \qquad \text{d'où} \qquad t = \sqrt{\frac{m}{Q}} \; \text{arc sin} \, \frac{x}{r}.$$

Ainsi, dans la figure 19, on a $\quad t = \sqrt{\dfrac{m}{Q}} \, \dfrac{LN}{r}; \quad$ l'arc LN croît donc proportionnellement au temps, et la vitesse $\dfrac{LN}{t}$ du point N est constamment $r \sqrt{\dfrac{Q}{m}}$ ou v_0.

La durée du parcours de OB pour le mobile M, ou de LB pour le point N, est $\quad \dfrac{1}{2} \dfrac{\pi r}{v_0} = \dfrac{1}{2} \pi \sqrt{\dfrac{m}{Q}}; \quad$ celle de l'oscillation B' en B, ou de B en B', est $\quad \pi \sqrt{\dfrac{m}{Q}}, \quad$ comme on le trouve immédiatement en intégrant dt entre $-r$ et $+r$. Cette durée est, chose remarquable, indépendante de l'amplitude $2r$ de l'oscillation et par conséquent de la vitesse v_0.

REMARQUE. Cette théorie est applicable approximativement aux vibrations longitudinales d'une tige verticale dont on néglige la masse, et qui, étant fixée à son extrémité supérieure, porte à l'autre un corps pesant auquel est imprimée une vitesse initiale.

m est la masse de ce corps. P peut être son poids mg, ou bien toute autre force constante. z est l'allongement, à la fin du temps t, de la tige comparée à ce qu'elle était primitivement, sans tension ni pression. Qz est la réaction que la tige allongée exerce sur le corps; et, d'après une loi expérimentale, le facteur Q, tant que la déformation de la tige n'est pas trop considérable est proportionnel à l'aire de la section transversale de cette tige et inversement proportionnel à la longueur primitive. Si, par exemple, la tige est en fer forgé, sa longueur primitive l en mètres, l'aire de la section ω en millimètres quarrés, en désignant par E une quantité dite *coefficient* ou *module d'élasticité*, à peu près égale à 20 000 kilogrammes, on a approximativement $Q = \dfrac{E\omega}{l}$, pourvu que la tension par millimètre quarré

$\dfrac{Qz}{\omega}$ ou $\dfrac{Ez}{l}$ ne dépasse pas 14 kilogrammes, et que par conséquent l'allongement $\dfrac{z}{l}$ par mètre de longueur primitive

n'excède pas $\dfrac{10}{20\ 000}$ ou $0^m,0007$.

§ 3.

MOUVEMENT D'UN POINT SOUMIS A DEUX ATTRACTIONS
INVERSEMENT PROPORTIONNELLES AUX QUARRÉS DE SES DISTANCES
A DEUX POINTS FIXES.

89. *Les points* A *et* A' *dont la distance est* a *étant fixes, un point matériel* M *dont la distance variable au point* A *est désignée par* x, *se meut suivant la droite* AA' *sous l'action de deux forces dirigées l'une vers* A, *l'autre vers* A', *et inversement proportionnelles aux quarrés des distances* MA, MA' *à ces deux points fixes. On demande l'équation qui lie la vitesse* v *du mobile* M *à la distance* x *et aux valeurs initiales* v_0 *et* x_0 *de ces deux variables.*

Représentons par km et $k'm$ les forces qui solliciteraient le mobile dont la masse est m, si la distance aux centres d'attraction A et A′ était égale à l'unité ; l'équation générale du mouvement dont il s'agit est

$$\frac{dv}{dt} = \frac{k'}{(a-x)^2} - \frac{k}{x^2};$$

d'où l'on conclut (29, 5°),

$$vdv = \frac{k'dx}{(a-x)^2} - \frac{kdx}{x^2},$$

et, en intégrant à partir de $v = v_0$ et $x = x_0$,

$$\frac{1}{2}(v^2 - v_0{}^2) = \frac{k'}{a-x} + \frac{k}{x} - \frac{k'}{a-x_0} - \frac{k}{x_0}.$$

On voit que la vitesse v deviendrait infinie par $x = 0$ ou par $x = a$, c'est-à-dire à l'instant où le mobile atteindrait l'un ou l'autre des points A et A′. Ceci annonce l'impossibilité physique de ces hypothèses, et nous en verrons l'explication par un exemple, page 102.

Simplifions la formule en supposant que le mobile parte sans vitesse initiale du milieu de la distance des deux centres d'attraction A et A′. Nous ferons donc $v_0 = 0$, et $x_0 = \frac{1}{2}a$. Nous aurons alors

$$v^2 = 2k'\frac{2x-a}{a(a-x)} + 2k\frac{a-2x}{ax}$$

$$= \frac{4}{a}\left(\frac{a}{2} - x\right)\left(\frac{k}{x} - \frac{k'}{a-x}\right).$$

Si l'on suppose $k > k'$, cette expression de v^2 est positive et applicable pour toute valeur de x positive moindre que $\frac{1}{2}a$, et par conséquent $< a - x$; et cela doit être, puisque l'accélération $\frac{dv}{dt}$ est négative au point de départ, et continue de l'être, à plus forte raison, à mesure que x diminue. Au contraire, pour des valeurs de x supérieures à $\frac{1}{2}a$, quoique, en faisant $a - x$ assez petit, on puisse trouver v^2 positif, la dernière formule ne doit pas, par la même raison, être applicable ; et en effet la valeur de v^2 ne deviendrait positive au delà de $x = \frac{1}{2}a$, qu'après avoir été négative, comme on le reconnaît par sa dérivée $\frac{2v\,dv}{dx}$ qui est négative si l'on fait en même temps $k' < k$ et $a - x = x$.

90. Simplifions la question précédente en supposant un centre d'attraction unique A, et faisant pour cela $k' = 0$; on a alors

$$\frac{dv}{dt} = -\frac{k}{x^2}, \quad v\,dv = -\frac{k\,dx}{x^2},$$

et en intégrant depuis $x = x_0$ et $v = 0$,

$$\frac{v^2}{2} = k\left(\frac{1}{x} - \frac{1}{x_0}\right).$$

Pour obtenir le temps t en fonction de x, nous remarquons que, puisque l'accélération est constamment négative, la vitesse, d'abord nulle, est ensuite toujours négative. Nous avons donc, en remplaçant dans la dernière équation v par $\frac{dx}{dt}$,

$$\frac{dx}{dt} = -\sqrt{2k\left(\frac{1}{x} - \frac{1}{x_0}\right)} ;$$

d'où

$$dt = -\sqrt{\frac{x_0}{2k}}\,\frac{x\,dx}{\sqrt{x_0 x - x^2}},$$

et en intégrant depuis $t = 0$ et $x = x_0$,

$$t = \sqrt{\frac{x_0}{2k}}\left[\int \frac{\left(\frac{x_0}{2} - x\right) dx}{\sqrt{x_0 x - x^2}} - \int \frac{\frac{x_0}{2}\, dx}{\sqrt{x_0 x - x^2}}\right]$$

$$= \sqrt{\frac{x_0}{2k}}\left[\sqrt{x_0 x - x^2} + \frac{x_0}{2}\, \text{arc cos}\, \frac{x - \frac{x_0}{2}}{\frac{x_0}{2}}\right]$$

On peut remarquer que $\sqrt{x_0 x - x^2}$ est l'ordonnée correspondante à l'abscisse $\text{AM} = x$ dans le cercle dont le diamètre est la distance x_0 du centre d'attraction A au point de départ, et que $\frac{x_0}{2}\, \text{arc cos}\, \dfrac{x - \frac{x_0}{2}}{\frac{x_0}{2}}$ est l'arc du même cercle, compris entre le point de départ et la même ordonnée.

Les formules qui viennent d'être obtenues sont applicables à l'hypothèse d'un corps en mouvement sur la droite passant par les centres de deux autres supposés fixes, par exemple la terre et la lune. Le rapport $\frac{k}{k'}$ serait celui des masses de notre globe et de son satellite; on aurait de plus $k = gr^2$, en désignant par g l'accélération due à l'attraction de la terre sur un point situé à sa surface et r le rayon du globe supposé sphérique. Mais il est à remarquer que les formules ne s'appliqueraient pas à des valeurs de x plus petites que r. Si l'on voulait imaginer que le corps en mouvement, étant arrivé à la surface de la terre, continuât de tomber dans un puits vertical d'une longueur indéfinie, la loi du mouvement changerait à partir de cet instant; le corps étant dès lors attiré vers le centre de la terre, en raison directe de la distance, comme nous le démontrons ailleurs (*Dyna-*

mique gédérale), se trouverait dans le cas traité au paragraphe
précédent (88).

§ 4.

MOUVEMENT D'UN CORPS FLOTTANT SUR UN LIQUIDE.

91. Nous supposerons qu'un corps solide de la forme d'un navire, flottant sur une eau tranquille, reçoive dans le sens de sa
longueur un mouvement de translation horizontal, et soit ensuite
abandonné. Chaque point du corps flottant se meut alors comme
un point dont la masse m serait égale à celle de tout le corps et
qui serait soumis à une force horizontale R résultante des forces
horizontales exercées par le liquide (*). Cette force, opposée au
sens du mouvement, s'appelle la *résistance du liquide*; et l'expérience apprend que lorsque les dimensions du navire sont
petites par rapport à celles du bassin où il se meut, la résistance
peut être représentée avec une approximation suffisante par la
formule

$$ R = C \, \Pi \, A \, \frac{v^2}{2g}, $$

dans laquelle C est un coefficient qui dépend de la figure plus ou
moins effilée de la carène, et que d'Alembert et Bossut ont
trouvé de 0,16 ; Π, le poids d'un mètre cube de liquide ; A, la
surface immergée du *maître couple* (ou plus grande section
transversale de la carène au-dessous de la surface de l'eau);
v, la vitesse, et par conséquent $\dfrac{v^2}{2g}$ la hauteur due à cette vitesse (28).

(*) Nous admettons ici par anticipation une proposition presque évidente,
qui est très-facilement démontrée au commencement de la dynamique des
systèmes matériels.

Ceci admis comme hypothèse, on demande quelle est la loi du mouvement du navire, à partir de l'instant où il possède une vitesse v_0.

L'équation différentielle de ce mouvement est

$$\frac{dv}{dt} = -\frac{R}{m} \quad \text{ou} \quad \frac{dv}{dt} = -\frac{v^2}{k},$$

si l'on pose

$$\frac{C \Pi A}{2mg} = \frac{1}{k}.$$

On en tire
$$dt = -k \frac{dv}{v^2},$$

d'où, en intégrant,
$$t = k \left(\frac{1}{v} - \frac{1}{v_0} \right).$$

De là
$$v = \frac{k v_0}{v_0 t + k} \quad \text{ou} \quad dx = k \frac{v_0 \, dt}{v_0 t + k};$$

d'où, en intégrant à partir de $x = 0$ et $t = 0$, on conclut

$$x = \frac{k}{\log e} \log \left(\frac{v_0 t}{k} + 1 \right),$$

ou, en mettant pour

$$\frac{v_0 t}{k} + 1 \quad \text{sa valeur} \quad \frac{v_0}{v},$$

$$x = \frac{k}{\log e} \log \frac{v_0}{v},$$

formule qu'on aurait obtenue directement en mettant pour dt son expression $\frac{dx}{v}$ dans l'équation $\frac{dv}{dt} = -\frac{v^2}{k}$, et en intégrant.

Faisons, par exemple, $C = 0,16$, et supposons que le volume d'eau déplacé par le navire soit $20A$. Par suite, son poids $mg = 20A\Pi$, et $k = \dfrac{40}{0,16} = 250$. En prenant la vitesse v_0 égale à 2 mètres, on trouve :

Pour $t = 60$ secondes, la vitesse v réduite à $1^m,35$ et l'espace x égal à 98 mètres ;

Pour $t = 120$ secondes, la vitesse v réduite à $1^m,02$ et l'espace x égal à 168 mètres ;

Pour $t = 600$ secondes, la vitesse v réduite à $0^m,35$ et l'espace x égal à 439 mètres ;

Pour $t = 6000$ secondes, la vitesse v réduite à $0^m,04$ et l'espace x égal à 972 mètres.

Si la loi de la résistance admise ci-dessus était rigoureusement exacte, la vitesse v décroîtrait toujours sans atteindre sa limite *zéro*, et la distance x augmenterait indéfiniment.

§ 5.

MOUVEMENT VERTICAL D'UN CORPS PESANT DANS UN MILIEU RÉSISTANT.

92. Chute verticale. — Supposons qu'un corps sphérique tombe verticalement dans l'air en vertu de la pesanteur, et cherchons la loi de son mouvement, en admettant, ce qui n'est pas tout à fait exact, que la résistance de l'air soit proportionnelle au quarré de la vitesse, et représentée par la formule

$$R = C \Pi A \frac{v^2}{2g},$$

dans laquelle C est un coefficient qui, *pour une vitesse médiocre*, est environ 0,60, Π le poids d'un mètre cube d'air, A la surface d'un grand cercle de la sphère, v la vitesse.

L'équation différentielle du mouvement est

$$\frac{dv}{dt} = \frac{mg - R}{m}.$$

En appelant Π' le poids par mètre cube de la sphère supposée homogène, et r le rayon de cette sphère, on a

$$m = \frac{4}{3}\,\frac{\Delta r \Pi'}{g},$$

et l'équation précédente, si l'on pose

$$k = \frac{8}{3}\,\frac{r\Pi'}{c\Pi}, \quad \text{devient} \quad \frac{dv}{dt} = g - \frac{v^2}{k}. \tag{1}$$

On en tire

$$dt = \frac{k\,dv}{gk - v^2} = \left(\frac{dv}{\sqrt{gk} + v} - \frac{dv}{\sqrt{gk} - v}\right)\frac{\sqrt{k}}{2\sqrt{g}},$$

et en intégrant depuis $v = v_0$ vitesse initiale,

$$t = \frac{1}{2\log e}\sqrt{\frac{k}{g}}\left(\log\frac{\sqrt{gk} + v}{\sqrt{gk} - v} - \log\frac{\sqrt{gk} + v_0}{\sqrt{gk} - v_0}\right). \tag{2}$$

Si l'on supposait nulle la vitesse initiale, cette formule se réduirait à

$$t = \frac{1}{2\log e}\sqrt{\frac{k}{g}}\log\frac{\sqrt{gk} + v}{\sqrt{gk} - v}. \tag{3}$$

La vitesse croît avec le temps, mais ne peut, dans ce cas, atteindre la valeur $\sqrt{gk}$ à laquelle correspondrait $t = \infty$.

Si, dans l'équation $\dfrac{dv}{dt} = g - \dfrac{v^2}{k}$, on supposait $v = \sqrt{gk}$, on aurait $\dfrac{dv}{dt} = 0$; cette vitesse $\sqrt{gk}$ étant une fois imprimée, le mouvement du corps tombant serait uniforme.

Revenant à la question générale, pour obtenir l'espace x en fonction de v, nous éliminons dt entre l'équation [1] et $v = \dfrac{dx}{dt}$; il vient

$$dx = k \frac{vdv}{gk - v^2},$$

d'où

$$x = \frac{k}{2 \log e}\left(\log (gk - v_0^2) - \log (gk - v^2) \right). \qquad [4]$$

93. Ascension. — Supposons que le corps sphérique soit lancé verticalement de bas en haut avec une vitesse initiale v_0. Comptons dans ce sens la vitesse et les x positifs, et conservons les notations précédentes. On a

$$\frac{dv}{dt} = -g - \frac{v^2}{k}, \quad \text{d'où} \quad dt = -\frac{1}{g} \frac{dv}{1 + \dfrac{v^2}{gk}}$$

et

$$t = \sqrt{\frac{k}{g}}\left[\text{arc tang} \frac{v_0}{\sqrt{gk}} - \text{arc tang} \frac{v}{\sqrt{gk}} \right]$$

En faisant $v = 0$, on obtient pour t la durée de l'ascension, après laquelle le corps retombe. La formule cesse alors d'être applicable, et doit être remplacée par l'équation [3] du numéro précédent, parce que la résistance R, et par conséquent k, changent de signe.

Pour obtenir l'espace parcouru x pendant l'ascension en fonction de la vitesse v, on procède comme dans le cas précédent ; on a

$$dx = -k \frac{vdv}{gk + v^2}; \quad \text{d'où} \quad \frac{k}{2\log e} \log \frac{gk + v_0^2}{gk + v^2}.$$

EXEMPLE. Sphère dont le poids Π' par mètre cube est 800 kilogrammètres, le rayon $r = 0^m,015$, la vitesse initiale $v_0 = 10$ mètres. Le poids du mètre cube d'air à $10°$ est $1^{kg},25$. On suppose $c = 0,60$. On en conclut $k = 12,67$. On trouve, en faisant $v = 0$, la durée de l'ascension de $0^s,949$ et sa hauteur de $4^m,5$, tandis que, dans le vide, la première serait $\dfrac{10}{g} = 1^s,02$, et la seconde $\dfrac{100}{2g} = 5^m,10$.

La résistance de l'air a donc plus d'influence sur la hauteur de l'ascension que sur sa durée.

§ 6.

MOUVEMENT RECTILIGNE DE DEUX CORPS LIÉS PAR UNE ACTION MUTUELLE.

94. Deux corps dont les masses sont m et m', et dont les centres de gravité se meuvent sur une droite fixe, exercent l'un sur l'autre une action mutuelle f, que, pour préciser la question, on suppose produite par un ressort, et représentée par $k\,(x - l)$, x étant la distance qui sépare les deux corps, k et l des constantes, et chacune des forces f étant attractive ou répulsive, selon que son expression $k\,(x - l)$ est positive ou négative. On demande la loi du mouvement absolu des deux corps et celle de leur mouvement relatif.

Soient y et y' les distances des deux corps à une origine fixe sur la droite qu'ils parcourent, v et v' leurs vitesses absolues, u la vitesse du second corps relativement au premier. Nous aurons entre les six variables x, y, y', v, v', u et le temps t les six relations :

$$x = y' - y, \quad v = \frac{dy}{dt}, \quad v' = \frac{dy'}{dt}, \quad u = \frac{dx}{dt}, \quad \frac{dv}{dt} = \frac{f}{m}, \quad \frac{dv'}{dt} = -\frac{f}{m}$$

qui constituent la mise en équations du problème.

On en tire $u = v' - v$, et par suite $\dfrac{du}{dt} = -\left(\dfrac{1}{m} + \dfrac{1}{m'}\right) f$;

et puisque u est égal à $\dfrac{dx}{dt}$, et que f est une fonction du premier degré de x, le mouvement relatif dont il s'agit est analogue à celui qui a été traité au § 2, n° 88. On a, en multipliant le premier membre de la dernière équation par $u dt$ et le second par dx,

$$u\,du = -k\left(\frac{1}{m} + \frac{1}{m'}\right)(x - l)\,dx;$$

d'où

$$u^2 - u_0^2 = -k\left(\frac{1}{m} + \frac{1}{m'}\right)(x - l)^2, \qquad [1]$$

u_0 désignant la vitesse relative qui correspond à $x = l$.

En remplaçant u par $\dfrac{dv}{dt}$, on trouverait, par une intégration facile, t en fonction de x.

Le maximum X de la distance x, et le maximum $k(X - l)$ de l'action mutuelle f répondent à $u = 0$; on a donc

$$u_0^2 = k\left(\frac{1}{m} + \frac{1}{m'}\right)(X - l)^2 \quad \text{et} \quad k(X - l) = u_0\sqrt{\frac{k}{\dfrac{1}{m} + \dfrac{1}{m'}}}$$

Si cette dernière quantité excède suffisamment l'effort au delà duquel les allongements du ressort cessent d'être proportionnels aux tensions, il y aura rupture.

La rupture pourra même avoir lieu bien avant que la vitesse relative u soit nulle, ou que les deux vitesses v et v' soient devenues égales. Pour le reconnaître, il suffit de tirer de l'équation [1] l'expression de la tension $k(x - l)$; on obtient :

$$k(x - l) = \sqrt{\frac{k(u_0^2 - u^2)}{\frac{1}{m} + \frac{1}{m'}}} = \sqrt{\frac{k(u_0 + u)(u_0 - u)}{\frac{1}{m} + \frac{1}{m'}}}$$

quantité qui peut être grande, même lorsque u diffère peu de u_0, si la vitesse u_0 est grande, et si le coefficient k qui mesure la *roideur* du ressort a une valeur considérable.

Cette théorie fait comprendre par analogie comment une balle de fusil fait un trou dans une planche ou dans un carreau de vitre, en n'imprimant qu'une vitesse très-petite à la partie qui reste intacte. Cette vitesse, quoique peu sensible, a été acquise dans un temps si court, qu'elle a exigé entre la partie enlevée et l'autre une force égale à celle sous laquelle le bois ou le verre se rompt.

Pour obtenir la loi du mouvement de chacun des deux corps indiqués, on éliminerait dt des équations

$$u = \frac{dx}{dt}, \quad \frac{dv}{dt} = \frac{f}{m}, \quad \frac{dv'}{dt} = -\frac{f}{m'},$$

ce qui donnerait

$$dv = \frac{f\,dx}{mu} \quad \text{et} \quad dv' = -\frac{f\,dx}{m'u};$$

et comme u, d'après l'équation [1], est, ainsi que f, une fonction de x, la détermination de v et de v' en fonctions de x se réduit à une question de quadrature; et, en combinant les résultats obtenus avec la relation trouvée entre x et le temps t, on pourrait calculer autant de valeurs simultanées qu'on voudrait de v, de v' et de t.

§ 7.

MOUVEMENT D'UN POINT PESANT SUR UN PLAN INCLINÉ,
SANS FROTTEMENT.

95. Dans cette hypothèse purement théorique, le corps est effectivement sollicité par deux forces, l'une verticale qui est son poids P ou mg, l'autre N, réaction normale du plan (fig. 20). Leur résultante est dans le plan incliné, puisque le corps s'y meut ; elle est aussi dans le plan de ses deux composantes, qui est à la fois vertical et perpendiculaire au plan incliné : elle est donc dirigée suivant la ligne de plus grande pente ; donc (36) son intensité F est $P \sin i$ ou $P\dfrac{h}{l}$. On obtient le même résultat, mais avec moins de netteté dans les idées et d'exactitude dans le langage, en disant que le poids P se décompose en deux forces, l'une perpendiculaire au plan, détruite par la résistance de ce plan, l'autre parallèle, qui est la force effective.

Si le corps est parti du repos, il se meut suivant la ligne de plus grande pente, et les équations de ce mouvement sont

$$\frac{dv}{dt} = \frac{F}{m} = g \sin i, \quad v = gt \sin i,$$

$$x = \frac{1}{2} gt^2 \sin i, \quad v^2 = 2gx \sin i.$$

En supposant que le corps ait parcouru la longueur l et soit descendu de la hauteur h, on a 1° pour la vitesse acquise, $v = \sqrt{2gl \sin i} = \sqrt{2gh}$, ce qu'on trouverait immédiatement par l'équation du travail, le travail de P étant Ph ou mgh, et celui de N étant nul ; 2° pour le temps de la descente

$$t = \sqrt{\frac{2l}{g \sin i}} = \sqrt{\frac{2l^2}{gh}} = l\sqrt{\frac{2}{gh}}.$$

Ainsi, deux mobiles partant sans vitesse initiale d'un même point et suivant deux plans inclinés quelconques, arrivent au même plan horizontal avec des vitesses égales, mais en des temps inégaux proportionnels aux longueurs parcourues.

Si, pour divers plans inclinés, la quantité $\dfrac{l^2}{h}$ était constante, le temps de la descente serait constant. Il faut pour cela que les plans aient les mêmes longueurs et les mêmes inclinaisons que des cordes aboutissant à l'une des extrémités du diamètre vertical d'un même cercle. Le rayon du cercle étant r, on a :

$$l^2 = 2rh \quad \text{et} \quad t = 2\sqrt{\frac{r}{g}}.$$

96. **Problème.** *Étant donnés un point* A *et un plan* BC, *déterminer le plan incliné* AP *suivant lequel un point pesant parti de* A, *sans vitesse initiale, arrivera au plan* BC *dans le temps le plus court.*

Imaginons une sphère qui, passant par A (fig. 21), ait son centre O sur la verticale AB et soit tangente au plan BC ; la droite AP cherchée joint le point donné A au point de contact P. Elle divise en deux parties égales l'angle BAD de la verticale AB et de la normale AD au plan.

CHAPITRE II.

QUESTIONS SUR LE MOUVEMENT CURVILIGNE.

---

§ 1er.

TRAJECTOIRE D'UN POINT PESANT DANS LE VIDE.

97. En prenant l'axe des x' suivant la direction OA (fig. 22) de la vitesse initiale V, et l'axe des y' vertical et descendant, on a immédiatement (49),

$$x' = Vt, \quad \text{et} \quad y' = \frac{1}{2} g t^2, \quad \text{d'où} \quad y' = \frac{g}{2V^2} x'^2,$$

ce qui permet de construire par points la parabole décrite, et d'assigner la position du mobile à chaque instant donné.

En menant par le point initial O l'axe des y vertical ascendant et l'axe des x quelconque dans le plan de la courbe, et en désignant par V_y et V_x les projections obliques coordonnées de V sur ces axes, on a immédiatement (53)

$$x = V_x t \quad \text{et} \quad y = V_y t - \frac{1}{2} g t^2,$$

d'où

$$y = \frac{V_y}{V_x} x - \frac{g}{2V_x^2} x^2.$$

Pour $y = 0$ on a la *portée du jet* ON suivant Ox,

$$ON = X = \frac{2}{g}\, V_x\, V_y.$$

Soit angle NOx $= \beta$, et angle NOy $= \beta'$; on a

$$X = \frac{2}{g}\, V'^2\, \frac{\sin \beta \sin \beta'}{\sin^2 (\beta + \beta')}.$$

On voit sans calcul que V' et $\beta + \beta'$ étant des constantes, si l'on fait varier β, le maximum de X répond à $\beta = \beta'$. Donc ON est alors bissectrice de l'angle yOz. Faisant dans ce cas $\beta + \beta' = \gamma$,   on a $X = \dfrac{V'^2}{g\,(1 + \cos \gamma)}$;   ce qui devient pour $\gamma = 90°$, $X = \dfrac{V'^2}{g}$, et pour $\gamma = 0$, $X = \dfrac{V'^2}{2g}$, comme cela doit être.

Pour une trajectoire déterminée, le maximum OH de y répond à $\dfrac{dy}{dx} = 0$, ou à $\dfrac{dy}{dt} = 0$; on a alors $t = \dfrac{V_y}{g}$ et $y = \dfrac{V_y^2}{2g}$, comme on pouvait le prévoir.

§ 2.

EXEMPLES DU MOUVEMENT CIRCULAIRE.

98. Mouvement circulaire uniforme. — Si un point matériel tourne uniformément autour d'un centre fixe, que v soit sa vitesse, r le rayon du cercle qu'il décrit, w sa vitesse angulaire $\dfrac{v}{r}$, m sa masse, la résultante des forces qui le sollicitent est constamment dirigée vers le centre et égale à $\dfrac{mv^2}{r}$ ou mw^2r (58).

Si l'on suppose que, abstraction faite de la pesanteur, le point ne soit retenu sur la circonférence qu'il parcourt que par un fil inextensible attaché d'une part au mobile et de l'autre au centre fixe, la force $\dfrac{m v^2}{r}$ est exercée par le fil. Le mobile exerce réciproquement sur le fil une force centrifuge égale à la force centripète qu'il reçoit. Cette réaction du mobile matériel sur le fil mesure la *tension* de celui-ci.

99. Gravitation lunaire. — La distance de la lune à la terre est variable et s'écarte jusqu'à environ $\dfrac{1}{15}$ de sa valeur moyenne, qui est à peu près de 60 rayons terrestres. Prenant cette distance pour constante R, et faisant abstraction du mouvement commun de la terre et de la lune autour du soleil, on est conduit à considérer la lune condensée en son centre comme tournant uniformément autour du centre de la terre, sous l'action d'une force totale centripète (58,3°) : $F = \dfrac{4\pi^2 R m}{T^2}$. La durée de la révolution est de 27 jours $\dfrac{322}{1000}$ ou 39344 minutes; ainsi $T = 39344 \cdot 60$. On a d'ailleurs $R = 60\,r$ et $2\pi r = 40\,000\,000$.

Donc $F = \dfrac{4\pi^2 \cdot 60 r m}{(39344)^2 (60)^2} = \dfrac{10^6 \pi m}{0,75(39344)^2} = \dfrac{m}{369}$ à peu près.

A la surface de la terre, la force A due à l'attraction de la terre sur un corps de masse m condensé à la distance r du centre, diffère peu (81) de 9,81. Donc, approximativement,

$\dfrac{A}{F} = 9,81 \cdot 369 = 3618,89$ ou à peu près $(60)^2$, rapport inverse des quarrés des distances.

Newton, qui avait essayé ce calcul dès 1665 (à l'âge de vingt-trois ans), mais sans un succès suffisant pour le satisfaire, parce qu'il n'existait pas alors de mesure exacte de la terre, le reprit en 1682, en se servant de la longueur d'un degré terrestre, mesurée en France vers cette époque par Picard.

100. Gravitation planétaire. — Keppler, en combinant les résultats d'un très-grand nombre d'observations, a découvert les lois suivantes :

1° Chaque planète décrit une ellipse dont le soleil occupe un des foyers ;

2° Les aires décrites par le rayon vecteur d'une planète sont proportionnelles aux temps qu'il met à les décrire ;

3° Les quarrés des temps des révolutions des planètes sont entre eux comme les cubes des grands axes de leurs orbites.

La *loi des aires*, la plus simple des trois, a été trouvée la première. Elle prouve (60) que la force totale qui sollicite une planète est constamment dirigée vers le centre du soleil. Elle permet d'exprimer comment la vitesse angulaire de la planète autour de ce centre varie avec la distance.

En appelant ω l'aire décrite pendant le temps t, on a (*Cinématique*, n° 26)

$$\frac{d\omega}{dt} = \frac{1}{2} r^2 w = C \text{ constante}; \quad \text{d'où} \quad w = \frac{2C}{r^2};$$

la vitesse angulaire est donc réciproquement proportionnelle au quarré de la distance.

Pour comparer les forces qui sollicitent vers le soleil deux planètes différentes, supposons que leurs orbites deviennent circulaires ; leur mouvement serait, dans ce cas, uniforme. A la distance r répondrait la force centripète $F = \dfrac{4\pi^2 r m}{T^2}$. Or, d'après la troisième loi de Keppler,

$$T^2 = k r^3; \quad \text{donc} \quad F = \frac{4\pi}{k} \cdot \frac{m}{r^2}.$$

Ainsi, les forces qui sollicitent deux planètes vers le soleil sont entre elles en raison directe de leurs masses et en raison inverse du quarré de leurs distances au soleil.

**101. Point pesant M (fig. 23) mobile sur un cercle horizon-
tal, et lié à un axe vertical AA′ par deux fils AM, A′M inexten-
sibles, au besoin rigides, mais d'un poids très-petit qu'on néglige
comparativement à celui du corps M. On demande les tensions Q et
Q′ des deux fils en fonction du poids P, de la vitesse v du mobile,
et des données de la figure : MC = r et AMC = α, A′MC = α′.**

Le point matériel ne pouvant se mouvoir que sur la circonférence dont le rayon est MC, et les forces P, Q et Q′, les seules qui
agissent sur ce point, étant constamment perpendiculaires à la
trajectoire, il s'ensuit que le mouvement du point M est circulaire
et uniforme. Ainsi la résultante des forces P, Q et Q′ est dirigée

suivant MC et égale à $\dfrac{mv^2}{r}$ ou $\dfrac{Pv^2}{gr}$.

Donc

$$\frac{Pv^2}{gr} = Q \cos \alpha + Q' \cos \alpha', \quad \text{et} \quad Q \sin \alpha - Q' \sin \alpha' - P = 0,$$

D'où
$$Q = \frac{P}{\sin (\alpha + \alpha')} \left(\frac{v^2}{gr} \sin \alpha' + \cos \alpha' \right)$$

et
$$Q' = \frac{P}{\sin (\alpha + \alpha')} \left(\frac{v^2}{gr} \sin \alpha - \cos \alpha \right).$$

102. Pendule conique tournant circulairement. — Un fil
inextensible AM (fig. 24) est attaché à un point fixe A et porte
en M un point matériel soumis à la pesanteur et dont le poids
est assez grand pour qu'on puisse comparativement négliger celui du fil. Ce corps possède à un certain instant une vitesse v horizontale et perpendiculaire à AM. On demande quelle doit être
l'intensité de cette vitesse en fonction des côtés du triangle rectangle AMO pour que le mobile M, sous la double action de la
pesanteur et de la tension du fil, conserve sa vitesse horizontale,
et, par conséquent, décrive indéfiniment le cercle horizontal
dont le rayon est OM, et le centre est O sur la verticale AO.

Soient $AM = l$, $OM = r$, $AO = h = l \cos \alpha$. Le point M est sollicité par deux forces, l'une verticale, son poids mg; l'autre inconnue, mais qui, exercée par le fil, ne peut, d'après l'énoncé, avoir que la direction MA. Leur résultante est suivant MO et égale à $\dfrac{mv^2}{r}$. Ces trois forces sont proportionnelles aux côtés du triangle AMO qui leur sont parallèles.

Donc
$$\frac{mv^2}{r} = mg\,\frac{r}{h},$$

d'où
$$\left(\frac{v}{r}\right)^2 = \frac{g}{h} = \frac{g}{l\cos\alpha} > \frac{g}{l}.$$

Il y a donc, pour une longueur l du pendule, une limite $\dfrac{g}{l}$ que la vitesse angulaire $\dfrac{v}{r}$ doit dépasser pour que le mouvement circulaire uniforme puisse se réaliser suivant l'hypothèse.

Durée d'une révolution :

$$T = \frac{2\pi r}{v} = 2\pi \sqrt{\frac{h}{g}} = 2,006\sqrt{h} < 2,006\sqrt{l}.$$

La tension du fil, d'après la proportionnalité ci-dessus indiquée, est $\dfrac{mgl}{h}$.

Les mêmes considérations s'appliquent à la surface concave et de révolution d'un liquide ayant un mouvement de rotation uniforme autour d'un axe vertical. Dans ce cas, une molécule du liquide prise à la surface tourne, comme dans l'hypothèse précédente, sous l'action de son poids et des répulsions qu'exercent sur elle les molécules environnantes. La résultante de ces répulsions est évidemment normale à la surface et remplace la traction du fil. L'équation $\left(\dfrac{v}{r}\right)^2 = \dfrac{g}{h}$ subsiste quand on fait varier le point M sur la surface du liquide. Les points A et O se déplacent sur l'axe vertical; mais leur distance h reste constante, comme la vitesse angulaire $\frac{v}{r}$, tandis que le rayon r et la vitesse v varient. Or, h est la sous-normale à la section méridienne de la surface; cette courbe est donc une parabole.

103. Point pesant mobile sur un cercle vertical. — Ce point matériel M, dont le poids est P ou mg, lié à un point fixe O (fig. 25) par un fil qu'on suppose sans masse, d'une longueur invariable r, et au besoin rigide, décrit sous l'action de la pesanteur et de la tension du fil un cercle AMN. Sa vitesse v_0 quand il passe en M_0 est donnée par la hauteur h à laquelle elle est due; ainsi $v_0 = \sqrt{2gh}$. On demande sa vitesse v et la tension Q du fil dans une position quelconque M.

Soient AN le diamètre vertical; MB et $M_0 B_0$ des ordonnées horizontales; $AB = x$, $AB_0 = x_0$. L'équation du travail est (le travail de Q étant nul),

$$\frac{1}{2} m (v^2 - v_0{}^2) = P (x - x_0) \quad \text{ou} \quad v^2 = 2g (h + x - x_0).$$

Remarquons en passant que cette formule est applicable à un point matériel assujetti à se mouvoir de M_0 en M, suivant une courbe quelconque, sous l'action de son poids et de forces normales à la courbe, par conséquent sans frottement.

Dans le cas du mouvement circulaire, la force centripète ou somme des projections rectangulaires, suivant MO des forces Q et P, est

$$Q + P \cos \alpha = \frac{m v^2}{r} \quad \text{ou} \quad Q + P \frac{r - x}{r} = \frac{P v^2}{gr},$$

d'où

$$Q = P \left(\frac{3x + 2(h - x_0)}{r} - 1 \right).$$

La force Q peut être négative, c'est-à-dire agir dans le sens OM; dans ce cas le fil doit être rigide, et la réaction du mobile M sur ce fil est une pression dans le sens MO.

Si, au lieu d'être attaché à un fil, le mobile glisse sans frottement sur la surface convexe et dans le plan de la section droite d'un cylindre de révolution dont l'axe est horizontal, le mobile ne peut rester sur la surface qu'autant que Q est négative.

Pour simplifier la formule, soit a la vitesse au point culminant A; ainsi

$$x_0 = 0 \quad \text{et} \quad h = \frac{a^2}{2g}; \quad \text{par suite} \quad Q = P\left(\frac{3x}{r} + \frac{a^2}{gr} - 1\right).$$

Il faut donc qu'on ait $\dfrac{a^2}{gr} < 1$. L'abscisse x du point où le mobile quitte la surface du cylindre pour décrire une parabole, est déterminée par la condition $Q = 0$, d'où $x = \dfrac{r}{3} - \dfrac{a^2}{3g}$.

104. Mouvement pendulaire. — Cas particulier de l'exemple précédent. Le point pesant part de A (fig. 26) sans vitesse initiale; l est la longueur du fil sans masse qui l'assujettit à se mouvoir sur l'arc ACA'. Si l'on appelle z la projection variable BP de l'arc AM sur la verticale OC, on a la vitesse du mobile parvenu en M, $v = \sqrt{2gz}$.

Pour en conclure la relation de z avec le temps t, on remarque que $\dfrac{dz}{dt}$ est la projection de v sur BC. Par conséquent

$$\frac{dz}{dt} = v \cos \text{OMP} = v\frac{\text{PM}}{l} = \frac{\text{PM}}{l}\sqrt{2gz},$$

d'où

$$dt = \frac{l}{\sqrt{2g}}\frac{dz}{\text{PM}\sqrt{z}}.$$

PM s'exprime en fonction de z; en faisant la constante $BC = h$, on a

$$PM = \sqrt{(h - z)\,(2l - h + z)}.$$

Ainsi, le calcul de t en fonction de z est ramené à une quadrature.

Ce calcul se simplifie quand on considère les petites oscillations pour lesquelles l'arc AC étant très-petit comparativement au rayon, on peut remplacer PM par la corde CM, et poser $PM = \sqrt{2l\,(h - z)}$. On a alors

$$dt = \frac{1}{2} \sqrt{\frac{l}{g}} \; \frac{dz}{\sqrt{z\,(h - z)}},$$

d'où

$$t = \frac{1}{2} \sqrt{\frac{l}{g}} \; \operatorname{arc\,cos} \frac{\frac{1}{2}h - z}{\frac{1}{2}h} + C.$$

En prenant cette intégrale depuis $z = 0$ jusqu'à $z = h$, on obtient, pour la durée d'une demi-oscillation de A et C,

$$\frac{1}{2}\,\pi \sqrt{\frac{l}{g}},$$

et, par conséquent, pour la durée d'une oscillation entière,

$$T = \pi \sqrt{\frac{l}{g}}.$$

REMARQUES. 1º La durée de l'oscillation est indépendante de son amplitude, pourvu que celle-ci soit petite. Pour des pendules différents cette durée est proportionnelle à la racine quarrée de la longueur l.

$2°$ La durée de la descente de A en C, suivant l'arc de cercle AMC, est $\frac{1}{2}\pi\sqrt{\frac{r}{g}}$; suivant la corde AC sans frottement (95), elle serait $2\sqrt{\frac{r}{g}}$, c'est-à-dire plus grande à peu près dans le rapport de 1,27 à 1.

$3°$ Le pendule simple auquel se rapporte cette théorie est une abstraction, le corps étant réduit à un point, et le fil étant supposé sans poids. On verra dans l'étude de la dynamique des corps solides comment la formule précédente est applicable à un corps quelconque. Cependant on peut, à l'aide d'un pendule formé d'une petite sphère lourde, suspendue par un fil léger, vérifier l'isochronisme des petites oscillations pendant que leur amplitude diminue par l'effet surtout de la résistance de l'air, et mesurer approximativement l'accélération g due à la pesanteur, puisqu'on a $g = \dfrac{\pi^2 l}{T^2} = \dfrac{\pi^2 n^2 l}{t^2}$, en appelant n le nombre des oscillations qui ont lieu pendant un temps t.

105. La similitude des formules obtenues aux n°s 89, 102 et 104, donne lieu à un rapprochement remarquable.

Nous avons vu (89) que, lorsqu'un point matériel dont la masse est m, est sollicité par une force Qx proportionnelle à la distance x depuis un point géométrique de la droite qu'il parcourt, son mouvement est oscillatoire et la durée d'une de ses oscillations est donnée par la formule

$$T = \pi\sqrt{\frac{m}{Q}}. \qquad [1]$$

Dans le pendule conique, tournant circulairement, le point matériel décrit un cercle horizontal, sous l'action de deux forces, l'une verticale mg, poids de ce point, l'autre exercée par le fil et dirigée vers son point d'attache fixe. Ces deux forces ont leur résultante χ horizontale, dirigée du point matériel vers le centre du cercle qu'il décrit avec une vitesse constante. Cela posé, imaginons que, pendant le mouvement, ce point soit à chaque instant projeté en P (fig. 24) sur un même diamètre de ce cercle. La projection P se meut (53) comme un point ayant la masse m et sollicité par une force égale à la projection de χ sur le diamètre. Cette projection est exprimée par $\dfrac{\chi x}{r}$, le rayon du cercle étant $r = \mathrm{OM}$, et la distance du centre au point P étant $x = \mathrm{OP}$. Le mouvement oscillatoire de la projection P est donc celui qui aurait lieu en vertu d'une force représentée par Qx, si l'on fait $\dfrac{\chi}{r} = Q$. Donc, suivant la formule [1], la durée d'une oscillation allant d'une extrémité à l'autre du diamètre est

$$T = \pi \sqrt{\frac{m}{Q}} \quad \text{ou} \quad \pi \sqrt{\frac{mr}{\chi}}.$$

Maintenant rappelons-nous que les forces mg et χ sont proportionnelles aux côtés $\mathrm{OA} = h$ et $\mathrm{OM} = r$ du triangle AOM; il en résulte

$$\frac{mg}{\chi} = \frac{h}{r}, \quad \text{d'où} \quad \frac{mr}{\chi} = \frac{h}{g}, \quad \text{et par conséquent} \quad T = \pi \sqrt{\frac{h}{g}}.$$

C'est la moitié de la durée d'une révolution complète du pendule conique, trouvée plus directement au n° 102.

Enfin, dans le pendule simple, le point matériel se meut sur un arc de cercle, comme il se mouvrait sur une droite, en vertu de la force tangentielle (56). Cette force, à l'instant où le mobile occupe la position M (fig. 26), est égale au poids mg multiplié par le cosinus de l'angle de la verticale avec la tangente en M; c'est donc mg sin MOC; et attendu que cet angle est très-petit, on peut très-approximativement remplacer son sinus par le rapport de l'arc MC au rayon l. Cet arc MC étant représenté par x, la force tangentielle se trouve très-approximativement égale à $\dfrac{mgx}{l}$, ou Qx, si l'on pose $\dfrac{mg}{l} = Q$, d'où $\dfrac{m}{Q} = \dfrac{l}{g}$, expression qui, substituée dans la formule [1], donne

$$T = \pi \sqrt{\dfrac{l}{g}}$$

pour la durée d'une oscillation, comme l'a donnée le calcul direct au numéro 104.

§ 3.

DU MOUVEMENT D'UN POINT MATÉRIEL PESANT SUR LA CYCLOIDE SUPPOSÉE SANS FROTTEMENT.

106. Les propriétés curieuses de ce mouvement ont beaucoup occupé les géomètres du dix-huitième siècle. Nous les exposerons succinctement à cause de leur célébrité, quoiqu'elles soient sans application pratique.

Soit ABC (fig. 27) une cycloïde située dans un plan vertical; la base AC est horizontale; le sommet B est le point le plus bas. On suppose qu'un point pesant parti sans vitesse initiale de la position H descende sur la courbe sans frottement, de sorte qu'il soit soumis seulement à l'action de la pesanteur et à la réaction normale de la courbe. On demande la durée de la descente de ce mobile de H en B, durée qui est égale à celle de son ascension de B en H', sur la seconde moitié de la cycloïde, les points H et H' étant sur la même horizontale.

La vitesse du corps, à son passage en un point M de la courbe, sera $\sqrt{2gy}$, si l'on désigne par y la distance PI du point M au-dessous de l'horizontale HH' (103).

Représentons par s l'arc HM de la courbe et soit ds représentée par MM' l'arc infiniment petit parcouru pendant le temps dt. On a donc

$$\frac{ds}{dt} = \sqrt{2gy} \quad \text{ou} \quad dt = \frac{ds}{\sqrt{2gy}}. \qquad (1)$$

Pour éliminer la variable s, menons l'horizontale MP et la petite verticale M'L qui représente la différentielle dy. Traçons la normale MN et la tangente MT, dont les intersections N et T avec les horizontales AC et BT sont aux extrémités du diamètre vertical NT du cercle générateur de la cycloïde, passant par le point M. L'arc MM' se confondant avec un élément de la tangente MT, les deux triangles semblables MM'L, MTQ donnent la proportion MM' : LM' :: MT : TQ, ou, si l'on représente le diamètre TN par $2r$, la hauteur IB par h, et en conséquence TQ par $h - y$,

$$ds : dy :: \sqrt{2r(h-y)} : h - y,$$

d'où

$$ds = \sqrt{\frac{2r}{h-y}} \cdot dy \; (*);$$

(*) L'intégration de cette équation conduit à une propriété remarquable de la cycloïde. De

$$ds = -\sqrt{2r}\left(h-y\right)^{-\frac{1}{2}} d\left(h-y\right),$$

on conclut

$$s = -2\sqrt{2r(h-y)} + C,$$

et en prenant cette intégrale depuis $y = 0$ jusqu'à $y = h$,

$$\text{arc } IB = 2\sqrt{2rh} = 2 \text{ corde } TK.$$

Telle est la *rectification* de la cycloïde. Si l'on y fait $h = 2r$, on a la longueur de la demi-cycloïde AB $= 4r$, double du diamètre TN.

ce qui étant substitué dans l'équation [1], donne

$$dt = \sqrt{\frac{r}{g}} \, \frac{dy}{\sqrt{y\,(h-y)}}.$$

Cette équation, dans laquelle h a une valeur quelconque moindre que $2r$, et semblable à celle qui a été obtenue (104) pour le pendule circulaire, mais dans le cas seulement des petites oscillations, donne par intégration

$$t = \sqrt{\frac{r}{g}} \, \text{arc cos} \, \frac{\frac{1}{2}h - y}{\frac{1}{2}h} + C.$$

En prenant cette intégrale depuis $y = 0$ jusqu'à $y = h$, on trouve pour la durée d'une demi-oscillation $\pi\sqrt{\dfrac{r}{g}}$, et par conséquent pour celle d'une oscillation entière

$$T = \pi \sqrt{\frac{4r}{g}}.$$

Cette formule, indépendante de l'ordonnée y du point de départ prouve que pour la cycloïde, l'amplitude des oscillations peut embrasser une portion quelconque de la courbe, sans que leur durée change, tandis que la formule analogue du pendule simple circulaire suppose les oscillations assez petites. Cette propriété a fait donner à la cycloïde la qualification de courbe *tautochrone* (de même durée).

Lorsque les oscillations sur la cycloïde sont très-petites, on peut les regarder comme sensiblement circulaires, en remplaçant la courbe ABC par son cercle osculateur au point B. Or on sait que le rayon de courbure en ce point est égal au double du diamètre; il faudrait donc, dans la formule du numéro 104, faire $l = 4r$, ce qui est conforme à ce que nous venons d'obtenir.

107. Courbe de plus vite descente. — On a vu (104) que la descente d'un point pesant de A et C (fig. 26), suivant un arc de cercle dont la tangente en C est horizontale, est plus rapide que suivant la corde de cet arc. Mais quelle serait, entre ces deux points, la courbe de la plus vite descente possible ? Telle est la question proposée en 1696 par Jean Bernoulli. Voici, sauf quelques changements de rédaction, la solution donnée par Jacques Bernoulli, frère aîné de Jean (*Jacobi Bernoulli opera*, 1744, t. II, p. 769).

Soient M, M′ et M″ (fig. 28) trois points de la courbe cherchée, infiniment rapprochés entre eux. Soient y et y' les distances verticales des points M et M′ à l'horizontale passant par le point de départ, sans vitesse initiale, du mobile. Ce point (non indiqué dans la figure) sera pris pour origine des coordonnées x horizontales et y verticales.

L'espace MM′ est parcouru avec la vitesse

$$v = \sqrt{2gy}$$

et l'espace M′M″ avec la vitesse

$$v' = \sqrt{2gy'}.$$

Le temps de la descente de M en M″ est exprimé par

$$\frac{MM'}{v} + \frac{M'M''}{v'}$$

et doit être un *minimum* par rapport à tous les chemins qu'aurait pu suivre le mobile pour descendre de M en M″, ces deux points étant supposés invariables. S'il en est ainsi, il faut que cette somme reste un *minimum*, quand on suppose que le point

M' peut varier sur l'horizontale NL. Dans ce cas, soient les hauteurs

$$MN = h, \quad N'M' = h' \text{ constantes},$$

et les angles

$$NMM' = \alpha, \quad N'M'M'' = \alpha' \text{ variables};$$

il en résulte

$$MM' = \frac{h}{\cos \alpha}, \qquad M'M'' = \frac{h'}{\cos \alpha'},$$

$$NM' = h \text{ tang } \alpha, \qquad N'M'' = h' \text{ tang } \alpha'.$$

La double condition à remplir est donc formulée par

$$\frac{h}{v \cos \alpha} + \frac{h'}{v' \cos \alpha'} = \text{minimum},$$

et

$$h \text{ tang } \alpha + h' \text{ tang } \alpha' = \text{constante}.$$

Nous aurons donc en différentiant, eu égard à la variation des seules quantités α et α',

$$\frac{h \sin \alpha \, d\alpha}{v \cos^2 \alpha} = - \frac{h' \sin \alpha' \, d\alpha'}{v' \cos^2 \alpha'}$$

et

$$\frac{h \, d\alpha}{\cos^2 \alpha} = - \frac{h' \, d\alpha'}{\cos^2 \alpha'},$$

d'où

$$\frac{\sin \alpha}{v} = \frac{\sin \alpha'}{v'}. \qquad (^*)$$

(*) Les cinq équations qu'on vient de lire donnent la solution très-simple de cette question : Un mobile se transporte de M en M' en traver-

Ainsi la quantité $\dfrac{\sin \alpha}{v}$, qui se rapporte au point M, est égale à la quantité analogue $\dfrac{\sin \alpha'}{v'}$, qui se rapporte au point M'; d'où il résulte que, dans toute l'étendue de la courbe, la quantité $\dfrac{\sin \alpha}{v}$, calculée pour un quelconque de ses points, d'après la signification attribuée aux notations α et v, *doit être constante*.

Cette propriété caractéristique de la courbe cherchée se traduit ainsi : on a $v = \sqrt{2gy}$ et $\sin \alpha = \dfrac{dx}{ds}$ (l'élément de la courbe ds ayant pour projections, dx horizontale, et dy verticale); donc la relation $\dfrac{\sin \alpha}{v} = \text{constante}$ revient à

$$\frac{dx}{\sqrt{y}\,ds} = \text{constante}.$$

Or, c'est la condition à laquelle satisfait la cycloïde, car la similitude, déjà remarquée ci-dessus, des triangles MLM' et MQT (fig. 27), donne

$$\frac{dx}{ds} = \frac{MQ}{MT} = \frac{\sqrt{NQ \cdot TQ}}{\sqrt{2r \cdot TQ}} = \frac{\sqrt{NQ}}{\sqrt{2r}},$$

sant un plan fixe NL; avant de le traverser, il a une vitesse v dont la valeur est constante, quelle que soit sa direction; quand le mobile a traversé le plan NL, sa vitesse est v', différente de la première, mais aussi constante. A quelle condition géométrique doit satisfaire le parcours MM'M" de M en M" pour que sa durée soit un *minimum?* La réponse est que les sinus des angles α et α' sont dans un rapport constant, égal à celui des vitesses. Si le mobile, après avoir touché ce plan, rejaillit et reste du même côté, la vitesse ne change pas et les deux angles sont égaux. On remarquera l'analogie de ces résultats avec les phénomènes de la réfraction et de la réflexion de la lumière.

relation identique à la précédente, pourvu que l'on fasse $XQ = y$, c'est-à-dire que les ordonnées soient comptées à partir de la base AC de la cycloïde.

Ainsi, la courbe de la plus vite descente, ou *brachystochrone*, de A en M, est une cycloïde dont l'origine est au point de départ A du mobile. Ces deux points étant donnés, on trouverait le rayon générateur de la cycloïde en se fondant sur ce que toutes les cycloïdes sont des courbes semblables; on en construirait une quelconque, ayant sa base horizontale et son sommet au-dessous. On y tracerait par l'origine une corde A_1M_1 parallèle à AM, et le rapport $\dfrac{AM}{A_1M_1}$ serait égal au rapport du rayon cherché au rayon choisi pour la cycloïde auxiliaire.

L'existence inévitable du frottement fait que cette propriété et celle du tautochronisme ne peuvent être réalisées par l'expérience d'un corps glissant sur une surface cycloïdale. Il est vrai que, théoriquement, un point matériel suspendu à l'extrémité d'un fil inextensible oscille en décrivant une cycloïde si l'autre extrémité du fil est fixée à l'origine commune D de deux demi-cycloïdes DA et DC, égales à celles, CB et AB, que l'on veut faire décrire, et placées de manière que le fil enveloppe alternativement chacune de ces courbes. Mais, en pratique, la masse du fil, sa roideur et son extensibilité, altèrent les résultats de cette ingénieuse disposition, imaginée par Huyghens.

On préfère au pendule cycloïdal le pendule circulaire, qui, comme le dit Laplace, est d'une précision suffisante, même pour l'astronomie.

§ 4.

EXEMPLES DU MOUVEMENT ELLIPTIQUE.

108. Un point décrivant une ellipse par l'action d'une force dirigée vers son centre, trouver l'expression de cette force et la loi du mouvement dont il s'agit.

Une ellipse dont les axes principaux sont $2a$ et $2b$ peut toujours être considérée comme étant la projection rectangulaire d'une circonférence dont le diamètre est égal au grand axe $2a$, et dont le plan fait avec celui de l'ellipse un angle qui a pour cosinus $\frac{b}{a}$. Imaginons que, pendant que le mobile mentionné à l'énoncé décrit sa trajectoire elliptique, un autre point de même masse décrive la circonférence correspondante, de manière que l'un des mobiles soit sans cesse la projection de l'autre. Les deux forces totales sont également (55) la projection l'une de l'autre. Donc la force totale du mouvement circulaire sera centripète, et par conséquent constante. En représentant par T la durée constante et commune de la révolution des deux mobiles autour de leurs centres, nous aurons pour la force totale correspondante au mouvement circulaire $F = \frac{4\pi^2}{T^2} am$; et attendu que le rayon vecteur a du point mobile sur le cercle a sans cesse pour projection sur le plan de l'ellipse le rayon vecteur r du mobile qui parcourt cette trajectoire, nous en concluons la force qui sollicite à chaque instant ce dernier $F_1 = \frac{4\pi^2}{T^2} rm$. C'est la force demandée, variable et proportionnelle à la distance r. La loi du mouvement dont il s'agit résulte clairement de ce qu'il est la projection d'un mouvement circulaire uniforme. Les aires décrites par les rayons vecteurs sont dans un rapport constant $\frac{b}{a}$, qui est le cosinus de l'angle des deux plans; elles sont donc proportionnelles au temps, comme on le savait d'avance (60).

109. Mouvement d'un point matériel sollicité par une force totale dont la direction passe par un point fixe, et dont l'intensité est une fonction de la distance du mobile à ce centre d'action.

Il est naturel de rapporter la position variable du mobile à des coordonnées polaires dont le pôle soit le centre d'action; et la double condition à laquelle la force est soumise conduit à deux équations très-simples entre ces coordonnées et le temps. L'une est l'équation du moment de la vitesse (59), ou, ce qui revient au même, l'équation du moment de la quantité de mouvement (63); l'autre est l'équation du travail (64).

1° Soient (fig. 13) r le rayon vecteur OM, et α l'angle MOA qu'il fait avec une droite fixe OA.

MM' ou ds étant l'arc parcouru pendant le temps dt, l'angle MOM' $= d\alpha$, la vitesse $\dfrac{ds}{dt}$ se décompose rectangulairement en

$$\frac{MN}{dt} = \frac{dr}{dt}, \quad \text{et} \quad \frac{NM'}{dt} = r\frac{d\alpha}{dt}.$$

Le moment de la quantité de mouvement du mobile autour de O est donc $mr^2\dfrac{d\alpha}{dt}$, et il est constant, parce que le moment de la force totale est constamment nul. On a donc

$$[1] \qquad\qquad r^2\,d\alpha = C\,dt.$$

C'est ce qu'il est d'usage d'exprimer en disant que l'aire infiniment petite $\dfrac{1}{2}\,r\cdot r\,d\alpha$, décrite par le rayon vecteur pendant le temps dt, est proportionnelle à ce temps, ce qui revient encore à dire que *la vitesse angulaire* $\dfrac{d\alpha}{dt}$ *est inversement proportionnelle au quarré de la distance* r.

2° D'après la décomposition, ci-dessus indiquée, de la vitesse v, on a

$$v^2 = \frac{dr^2}{dt^2} + r^2\frac{d\alpha^2}{dt^2},$$

et l'accroissement $d\dfrac{1}{2}mv^2$ de la puissance vive pendant le parcours de l'arc MM' est exprimé par

$$d\left(\frac{1}{2}\,m\;\frac{dr^2 + r^2\,d\alpha^2}{dt^2}\right),$$

et égal au travail de la force totale pendant ce même parcours.

Soit $m\varphi$ cette force, fonction de r, prise positivement lorsqu'elle est *attractive*. On a pour expression de son travail élémentaire

$$-m\varphi\,dr;$$

ainsi, l'équation du travail devient

$$\varphi\,dr = -\frac{1}{2}\,d\left(\frac{dr^2 + r^2\,d\alpha^2}{dt^2}\right).$$

Comme elle renferme les trois variables r, α et t, on peut en éliminer une au moyen de l'équation [1] : en éliminant dt, on obtient

$$[2] \qquad \varphi\,dr = -\frac{1}{2}\,C^2\,d\left[\frac{1}{r^2} + \frac{1}{r^4}\left(\frac{dr}{d\alpha}\right)^2\right].$$

Remarquons que les équations [1] et [2] sont équivalentes aux équations générales $\quad m\,\dfrac{d^2x}{dt^2} = X\quad$ et $\quad m\,\dfrac{d^2y}{dt^2} = Y\quad$ du numéro 52, d'où on aurait pu les conclure, en ayant égard aux conditions spéciales que l'énoncé attribue à la force.

Applications. — I. Si la fonction de r, désignée par φ, est connue, l'équation [2] étant intégrée donnera

$$\varphi_1 + C' + \frac{1}{2}\,C^2\left[\frac{1}{r^2} + \frac{1}{r^4}\left(\frac{dr}{d\alpha}\right)^2\right] = 0,$$

φ_1 désignant une fonction dont φ est la dérivée par rapport à r, et C étant une seconde constante. Cette dernière équation donnera, par la séparation des variables,

$$d\alpha = f(r)\,dr$$

et la substitution dans [1],

$$C\,dt = r^2\,f(r)\,dr.$$

Deux quadratures fourniront l'équation de la trajectoire et la relation du temps avec le rayon vecteur, sauf quatre constantes déterminées par les deux coordonnées du mobile, l'intensité de la vitesse et sa direction à un certain instant.

II. Si c'est la trajectoire qui est donnée, on connaîtra $\dfrac{1}{r^2} + \dfrac{1}{r^4}\left(\dfrac{dr}{d\alpha}\right)^2$ en une fonction de r, et en la différentiant on obtiendra φ par l'équation [2].

EXEMPLE. *La trajectoire est une section conique dont le point fixe O est un foyer*, conformément à l'une des lois de Képler (100). *On demande quelle est la force qui sollicite sans cesse le mobile vers ce point.*

Si la courbe est une ellipse dont les foyers sont O et O' (fig. 29), comptons les angles α à partir de la portion du grand axe allant du foyer O au sommet le plus rapproché A.

En faisant le grand axe $= 2a$, et $OO' = 2c = 2ae$, ($e < 1$ est l'excentricité), on a, à cause du triangle O'MO,

$$r'^2 = r^2 + 4c^2 + 4cr\cos\alpha,$$

et par la propriété de l'ellipse

$$r' + r = 2a, \quad \text{d'où} \quad r'^2 = r^2 + 4a^2 - 4ar;$$

donc

$$r = \frac{a^2 - c^2}{a + c\cos\alpha} = \frac{a(1 - e^2)}{1 + e\cos\alpha}.$$

Si la trajectoire est une hyperbole dont les foyers sont O et O' (fig. 30), comptons les angles α à partir de OO', en faisant l'axe transverse $AA' = 2a$, et $OO' = 2c = 2ae$, $(e > 1)$, ou a, à cause du triangle OMO',

$$r'^2 = r^2 + 4c^2 - 4cr \cos \alpha.$$

et par la propriété de l'hyperbole

$$r' - r = 2a, \quad \text{d'où} \quad r'^2 = r^2 + 4a^2 + 4ar ;$$

donc

$$r = \frac{c^2 - a^2}{a + c \cos \alpha} = \frac{a(e^2 - 1)}{1 + e \cos \alpha}.$$

Si la trajectoire est une parabole (fig. 31), soit A le sommet, BN la directrice, $OB = p$. On a immédiatement, par la propriété focale de cette courbe, $OM = MN$,

$$r \cos \alpha + r = p. \quad \text{d'où} \quad r = \frac{1}{1 + \cos \alpha}.$$

Cette expression de r est la limite dont s'approche chacune des deux précédentes à mesure que e s'approche de 1, tandis que a augmente de manière que le produit $a(e^2 - 1)$ reste égal à une quantité finie p.

Les trois expressions de r sont renfermées dans une formule unique, où p est une longueur constante quelconque appelée demi-paramètre de la section conique :

$$r = \frac{p}{1 + e \cos \alpha} \quad \begin{cases} \text{ellipse,} & e < 1, \\ \text{hyperbole,} & e > 1, \\ \text{parabole,} & e = 1. \end{cases}$$

Cela posé, appliquons l'équation [2]. En différentiant l'équation de la trajectoire mise sous la forme

$$\frac{1}{r} = \frac{1 + e\cos\alpha}{p}, \quad \text{on a} \quad \frac{1}{r^2}\frac{dr}{d\alpha} = \frac{e\sin\alpha}{p}.$$

Elevons au quarré la seconde de ces équations, et éliminons l'angle α au moyen de la première :

$$\frac{1}{r^4}\left(\frac{dr}{d\alpha}\right)^2 = \frac{e^2(1 - \cos^2\alpha)}{p^2} = \frac{e^2 - \left(\frac{p}{r} - 1\right)^2}{p^2} = \frac{e^2 - 1}{p^2} - \frac{1}{r^2} + \frac{2}{pr}. \quad [3].$$

La substitution de cette expression dans l'équation [2] donne

$$\varphi\, dr = -\frac{1}{2}\, C^2\, d\left(\frac{2}{pr} + \frac{e^2 - 1}{p^2}\right),$$

d'où, en opérant la différentiation indiquée au second membre et en supprimant le facteur dr, on conclut

$$\varphi = C^2\frac{1}{pr^2} \quad \text{et} \quad m\varphi = C^2\frac{m}{pr^2}. \quad [4].$$

Ainsi, la force cherchée est positive, c'est-à-dire attractive, et elle varie, pendant le déplacement du mobile, en restant réciproque au quarré de sa distance au centre d'action.

III. Non-seulement la quantité C est constante quand il s'agit du mouvement d'une planète sous l'action de la force $m\varphi$ qui l'attire vers le soleil, mais encore le coefficient $\dfrac{C^2}{p}$ est constant pour tous les corps célestes qui appartiennent au système solaire, si l'on suppose que la masse du soleil est tellement grande en comparaison de celles des planètes, que chacune de celles-ci se meut à très-peu près comme elle le ferait sous la seule force attractive qu'elle reçoit du soleil, force variable seulement en raison directe de la masse de la planète et en raison inverse du quarré de sa distance au soleil.

Représentons-la par $\dfrac{mk}{r^2}$ et proposons-nous la question sui-vante : Connaissant

1° La force k sur l'unité de masse, à l'unité de distance ;

2° La distance r à un certain instant ;

3° La vitesse v à ce même instant ;

4° L'angle β de la vitesse avec le prolongement du rayon ;

construire la trajectoire, c'est-à-dire trouver p, r et α.

Premièrement, puisqu'on a

$$\varphi = C^2 \frac{1}{pr^2} = \frac{k}{r^2}, \quad \text{d'où} \quad C^2 = kp,$$

il en résulte que l'expression de la vitesse angulaire tirée de [1] page 132, devient :

$$\frac{d\alpha}{dt} = \frac{1}{r^2}\sqrt{kp}. \tag{5}$$

D'ailleurs, cette vitesse angulaire dépend très-simplement des données, puisqu'on a

$$\frac{d\alpha}{dt} = \frac{v \sin \beta}{r}.$$

Nous en concluons une des inconnues :

$$p = \frac{v^2 r^2 \sin^2 \beta}{k}.$$

Secondement, la vitesse v est liée aux éléments de la trajectoire par la relation déjà remarquée :

$$v^2 = \left(\frac{dr}{dt}\right)^2 + r^2\left(\frac{d\alpha}{dt}\right)^2.$$

laquelle, au moyen des équations [5] et [3], se transforme ainsi :

$$v^2 = \left(\frac{d\chi}{dt}\right)^2 \left(r^2 + \left(\frac{dr}{d\chi}\right)^2\right) = \frac{k p}{r^4}\left(r^2 + r^4\left(\frac{e^2-1}{p^2} - \frac{1}{r^2} + \frac{2}{pr}\right)\right),$$

ou

$$v^2 = k\left(\frac{e^2-1}{p} + \frac{2}{r}\right), \quad \text{d'où} \quad e^2 = 1 + p\left(\frac{v^2}{k} - \frac{2}{r}\right).$$

Troisièmement, connaissant p, e et une distance r, on trouve χ par l'équation générale de la trajectoire

$$r = \frac{p}{1 + e \cos \chi}, \quad \text{d'où} \quad \cos \chi = \left(\frac{p}{r} - 1\right)\frac{1}{e}.$$

REMARQUE. La question de savoir à laquelle des trois espèces de sections coniques appartient la trajectoire déterminée par les données ci-dessus indiquées est résolue par l'équation [6] ; car la courbe est... une ellipse, une parabole ou une hyperbole, suivant que e^2 est.. inférieur,   égal   ou supérieur à 1. c'est-à-dire suivant

que v^2 est........ inférieur,   égal   ou supérieur a $2k$.

Il est bien remarquable que l'espèce de la trajectoire se trouve entièrement déterminée par la distance r et la vitesse v à un même instant, et ne dépend nullement de la direction de cette vitesse, direction qui, définie par l'angle β, sert à déterminer le demi-paramètre p et la direction de l'axe principal de la courbe (*).

(*) Cet article qui n'a d'autre objet que de fournir l'occasion d'un exercice utile, en faisant bien comprendre la portée des théorèmes par leur application, ne peut donner qu'une faible idée d'une des sciences qui font le plus d'honneur à l'esprit humain, la *Mécanique céleste*. Ceux qui désireraient aller plus loin dans cette belle étude feraient bien de prendre d'abord pour guides les chapitres qui s'y rapportent dans les Traités de mécanique de Poisson et de M. Duhamel.

§ 5.

EXEMPLES DE MOUVEMENT RELATIF.

110. Premier exemple. Point d'une circonférence roulante. — Ce point matériel est fixé sur une circonférence qui roule uniformément sur une droite. Sa masse étant m, on demande quelle est la force totale F qui le sollicite à chaque instant pour l'obliger à parcourir la cycloïde qu'il décrit.

Le mouvement de la circonférence et du point peut être considéré comme composé d'une translation rectiligne et uniforme commune au centre, et d'une rotation uniforme autour de ce centre.

Le système de comparaison se mouvant ainsi en chacun de ses points uniformément et en ligne droite, la force d'entraînement F_e et la rotation w sont nulles dans la formule du numéro 77, qui se réduit à $F = F_r$.

Or, en représentant par W la vitesse angulaire constante de la circonférence dont il s'agit, et par R son rayon, on a

$$F_r = m W^2 R,$$

force centripète, c'est-à-dire dirigée à chaque instant vers le centre O de la circonférence (fig. 32).

On peut en conclure la valeur du rayon de courbure ρ de la cycloïde qui est la trajectoire absolue du mobile considéré. A cet effet remarquons que la force $m W^2 R$ étant égale à F est la force totale absolue, et que sa projection rectangulaire sur la normale à la cycloïde est une fonction du rayon de courbure.

A l'instant où le mobile est en M, la circonférence a son centre instantané de rotation au point de contact A de cette circonférence et de la droite sur laquelle elle roule. De même que la vitesse relative de A par rapport au centre C est WR à gauche, de même la vitesse absolue de O par rapport à A est $W'R$ à droite, et par suite la vitesse absolue de M est $W'\cdot AM$; par conséquent la force normale ou centripète qui sollicite le mobile est $\dfrac{m W'^2 AM^2}{\rho}$.

D'une autre part, cette force est égale à

$$F \cos OMA = F\,\frac{\frac{1}{2}\,AM}{MO} = \frac{1}{2}\,m W'^2\cdot AM.$$

En égalant ces deux expressions d'une même force, nous obtenons $\rho = 2\,AM$, valeur connue du rayon de courbure de la cycloïde.

La force tangentielle absolue qui agit sur le mobile est

$$F \sin OMA = m W'^2 \sqrt{R^2 - \frac{1}{4}\,AM^2}.$$

Son minimum $= 0$ répond à $AM = 2R$, son maximum $m W'R$ à $AM = 0$.

111. Deuxième exemple. Point pesant dans un tuyau tournant. — Un tuyau AB (fig. 33), tourne uniformément autour d'un axe vertical. Un petit corps est introduit dans l'orifice supérieur A et reçoit, en outre de la vitesse de ce point, une vitesse initiale V_r relativement et tangentiellement au tuyau. Soumis dès lors à l'action de son poids et à la pression du tuyau, il descend en B. On demande en ce dernier point sa vitesse relative v_r dans le tuyau, et sa vitesse absolue v dans l'espace, en supposant que le tuyau n'ait exercé aucun frottement, c'est-à-dire que son action sur le mobile soit sans cesse normale à la paroi de ce tuyau.

Soient les rayons horizontaux $A'A = r_0$, $B'B = r_1$, et la hauteur $A'B' = h$. Appliquons ici les règles du numéro 80.

1° Pour déterminer la vitesse relative finale v_r, il suffit de se servir du théorème du travail et de la formule

$$\frac{1}{2} m \left(v_r{}^2 - V'_r{}^2\right) = \mathcal{C}F - \mathcal{C}F_e.$$

La résultante F des forces réelles se compose 1° du poids mg dont le travail, considéré dans le mouvement relatif, est mgh aussi bien que dans le mouvement absolu ; 2° de la pression ou réaction du tuyau, qui étant continuellement normale à la surface de ce tuyau, l'est par conséquent à la trajectoire relative du mobile ; d'où il suit que son travail, pour un observateur entraîné avec le tuyau, serait nul. Ainsi $\mathcal{C}F$ se réduit à mgh. Quand à F_e, puisque le mouvement du tuyau est circulaire et uniforme, en représentant sa vitesse angulaire constante par w et la distance variable du mobile à l'axe par r, nous avons $F_e = mw^2r$ et dirigée horizontalement vers l'axe. Pendant un temps dt, le mobile s'éloigne de l'axe d'une quantité dr, et par conséquent on a

$$-d\mathcal{C}F_e = mw^2r \, dr,$$

et en intégrant

$$-\mathcal{C}F_e = \frac{1}{2} mw^2 \left(r_1{}^2 - r_0{}^2\right).$$

L'équation ci-dessus devient donc

$$\frac{1}{2} m \left(v_r{}^2 - V'_r{}^2\right) = mgh + \frac{1}{2} mw^2 \left(r_1{}^2 - r_0{}^2\right)$$

ou

$$v_r{}^2 = V'_r{}^2 + 2gh + v_e{}^2 - V'_e{}^2,$$

si l'on appelle v_e et V'_e les vitesses wr_1 et wr_0 des points B et A du tuyau.

2° La vitesse v est la résultante de v_r et de la vitesse v_e ou wr, du point B, la direction de v_r étant celle de la tangente à l'extrémité B du tuyau, et la direction de wr, étant horizontale et perpendiculaire à BB' dans le sens de sa rotation.

112. Troisième exemple. Une petite boule glisse le long d'une baguette horizontale très-mince qui la traverse, et à laquelle un moteur imprime et conserve un mouvement de rotation uniforme autour d'un de ses points. Déterminer le mouvement de la boule en la considérant comme un point matériel et en négligeant son frottement sur la baguette.

Soient w la vitesse angulaire de la baguette,

x la distance de la boule à l'axe de rotation en un instant quelconque.

x_0 la valeur initiale de x,

V et V_0 les vitesses correspondantes de la boule relativement à la baguette.

La théorie précédente s'applique en faisant $h = 0$; on a donc

$$V^2 - V_0^2 = w^2 x^2 - w^2 x_0^2 ;$$

wx et wx_0 sont les vitesses absolues des points de la baguette qu'occupe le centre de la boule aux deux instants désignés. Si, par exemple, les données sont telles qu'à l'instant initial on ait $wx_0 = V_0$, on en conclura $V = wx$: la vitesse relative V et la vitesse d'entraînement wx seront donc constamment égales ; et comme elles sont rectangulaires, la vitesse absolue à un instant quelconque fera avec la direction de la baguette au même instant un angle de 45°.

Cherchons en général la relation de la distance x avec le temps t. En remplaçant V par son expression $\dfrac{dx}{dt}$, et la constante

$V_0{}^2 - w^2 x_0{}^2$ par $w^2 a$, on trouve

$$dt = \frac{1}{w} \cdot \frac{dx}{\sqrt{x^2 + a}},$$

ou en posant $x^2 + a = z^2$, et par suite $x\,dx = z\,dz$,

$$w\,dt = \frac{dx}{z} = \frac{dz}{x} = \frac{dx + dz}{x + z}, \quad \text{et en intégrant de } x_0 \text{ à } x,$$

$$wt \log e = \log \frac{x + \sqrt{x^2 - x_0{}^2 + \left(\dfrac{V_0}{w}\right)^2}}{x_0 + \dfrac{V_0}{w}}.$$

Pour obtenir l'équation de la trajectoire que décrit le centre de la boule dans son mouvement absolu, il suffit de remarquer que la baguette faisant à la fin du temps t l'angle α avec sa direction initiale, on a $\alpha = wt$, de sorte qu'en substituant α à wt dans l'équation précédente, on aura celle de la trajectoire en coordonnées polaires α et x.

REMARQUES. — I. Il est bon, comme exercice, de traiter la même question directement, en partant de la formule (78)

$$F_r = \text{Rés} (F, -F_e, -2m v_r\, w \sin (v_r, w)),$$

ou plus simplement

$$F_r = \text{Rés} (F, -F_e, -F').$$

Ici F_r a une direction connue, celle de la baguette; F étant due à la pesanteur et à l'action de la baguette, est perpendiculaire à cette direction; la force composée F' qui a pour valeur $2m V w$, parce que $\sin (V, w) = 1$, est perpendiculaire à la même direction, qui est celle de la vitesse relative; $-F_e$ est la force centrifuge $m w x$ suivant la baguette : ainsi F_r résultante de deux forces rectangulaires, l'une produite par la composition de F et de $-F'$, l'autre $-F_e$, a la direction de cette dernière et lui est par conséquent égale, tandis que F et $-F'$ se détruisent.

On a donc

$$F_t = -F_e \quad \text{ou} \quad \frac{dV'}{dt} = w^2 x\,;$$

et en multipliant par $Vdt = dx$,

$$V dV = w^2 x dx\,; \quad \text{d'où} \quad V^2 - V_0^2 = w^2 (x^2 - x_0^2)$$

comme ci-dessus.

II. La boule possédait à l'instant initial la vitesse absolue $\sqrt{V_0^2 + w^2 x_0^2}$; parvenue à la distance x de l'axe, elle a la vitesse $\sqrt{V^2 + w^2 x^2}$; elle a donc acquis dans l'espace un accroissement de puissance vive $\frac{1}{2} m (V^2 - V_0^2 + w^2 (x^2 - x_0^2)$ ou (d'après la dernière équation) $m w^2 (x^2 - x_0^2)$. Quelles sont les forces dont le travail produit cet effet? Les forces réelles qui agissent sur la boule sont : son poids et la réaction de la baguette normale à sa direction. La résultante de ces forces est horizontale comme la trajectoire. Par conséquent, si l'on conçoit la réaction totale de la baguette décomposée en deux forces, l'une verticale, l'autre horizontale, la première est égale et contraire au poids du mobile, la deuxième est la résultante F. Quant à sa valeur, on a vu tout à l'heure qu'elle est égale à F', c'est-à-dire à $2m Vw$; ainsi, $F = 2m Vw = 2mw \sqrt{w^2 (x^2 - x_0^2) + V_0^2}$. C'est la réponse à la question qui vient d'être posée. Cette force qui croît avec x est continuellement exercée par la baguette qui en reçoit une, faisant un travail égal, d'un agent moteur quelconque.

Vérifions que la force $2m Vw$ produit bien un travail égal à la puissance vive acquise par la boule. Le travail élémentaire de cette force horizontale et normale à la baguette pendant le temps dt est $2ml'w \cdot wx\,dt = 2mw^2x\,dx$, à cause de $l'dt = dx$. Son intégrale de x_0 à x est $mw^2 (x^2 - x_0^2)$, comme ci-dessus.

115. QUATRIÈME EXEMPLE. Mouvement du pendule simple eu égard à la rotation de la terre.— Nous considérons le pendule comme réduit à un point matériel assujetti par un fil à se mouvoir sans frottement sur une sphère fixée à la terre, celle-ci étant supposée en mouvement de rotation uniforme autour de l'axe des pôles. Les forces réelles qui sollicitent ce point sont l'attraction A vers le centre du globe, et la tension N variable du fil; la première force fictive est la force $-F_c$ centrifuge, c'est-à-dire dirigée en sens contraire de la droite allant du point matériel en prolongement du rayon du parallèle terrestre sur lequel a lieu le phénomène. Or les deux forces A et $-F_c$ ont une résultante qui est le poids mg du corps et dont la direction est verticale. Il suffira donc d'introduire dans les seconds membres des dernières équations du numéro 82, 1° cette force verticale mg; 2° la force N allant du mobile au point de suspension; 3° enfin la deuxième force apparente due à la rotation d'ensemble de la terre.

En faisant usage des formules qui viennent d'être citées, nous prenons le point de suspension pour l'origine O des coordonnées relatives. Soit (fig. 31) l'axe Oz vertical de haut en bas, l'axe Ox horizontal et dirigé dans le plan méridien, du sud au nord, enfin l'axe Oy horizontal et dirigé de l'ouest à l'est.

La force due à la pesanteur se réduit à mg suivant Oz; ses projections sur les deux autres axes sont nulles.

La longueur du fil étant l, la force N a pour projections

$$-N\frac{x}{l}, \quad -N\frac{y}{l}, \quad -N\frac{z}{l}.$$

L'axe de la rotation w étant parallèle à l'axe des pôles dans le sens du sud au nord, si l'on appelle λ la latitude, on a

$$w_x = w\cos\lambda, \quad w_y = 0, \quad w_z = -w\sin\lambda.$$

Les trois équations finales du numéro 82 deviennent donc

$$\frac{d^2x}{d^2t} = -\frac{X}{m}\frac{x}{l} - 2w \sin \lambda.\frac{dy}{dt},$$

$$\frac{d^2y}{dt^2} = -\frac{X}{m}\frac{y}{l} + 2w \left(\cos \lambda.\frac{dz}{dt} + \sin \lambda.\frac{dx}{dt}\right),$$

$$\frac{d^2z}{dt^2} = mg - \frac{X}{m}\frac{z}{l} - 2w \cos \lambda.\frac{dy}{dt}.$$

Ces équations, auxquelles il faut joindre la relation

$$x^2 + y^2 + z^2 = l^2,$$

renferment implicitement les propriétés du mouvement du pendule simple.

On peut en tirer l'explication de la rotation du plan d'oscillation du pendule, constatée par la belle expérience de M. Foucault. En éliminant X des deux premières équations on a

$$x\frac{d^2y}{dt^2} - y\frac{d^2x}{dt^2} = 2w \sin \lambda \left(x\frac{dx}{dt} + y\frac{dy}{dt}\right) + 2w \cos \lambda.x\frac{dz}{dt}.$$

Si les oscillations du pendule n'ont que de petites amplitudes, la vitesse $\frac{dz}{dt}$ est très-petite auprès de $\frac{dx}{dt}$ et de $\frac{dy}{dt}$; le dernier terme peut être négligé, et l'équation réduite par sa suppression devenant immédiatement intégrable après avoir été multipliée par dt, donne

$$x\frac{dy}{dt} - y\frac{dx}{dt} = w \sin \lambda.(x^2 + y^2),$$

sans constante additionnelle, attendu que dans l'expérience

dont il s'agit le pendule est mis en mouvement de manière qu'en oscillant le fil coïncide avec la verticale, à un instant qu'on peut prendre pour initial.

Le premier membre est le moment de la vitesse de la projection horizontale du mobile autour de la verticale Oz. Or ce moment se transforme en une fonction de la vitesse angulaire W du corps autour de ce même axe Oz : la vitesse projetée horizontalement se décompose en deux, l'une passant par l'axe, l'autre perpendiculaire à la distance r à cet axe ; cette seconde composante est exprimée par Wr, et son moment est Wr^2 égal

au moment $\quad x\dfrac{dy}{dt} - y\dfrac{dx}{dt}\quad$ de la vitesse v. La vitesse angulaire W ainsi introduite est positive dans le sens allant de Ox vers Oy. D'ailleurs, $x^2 + y^2 = r^2$; donc l'équation précédente revient à celle-ci :

$$W = w \sin \lambda,$$

c'est-à-dire que *le plan vertical passant par le fil tourne uniformément dans le sens nord, est, sud, ouest, de manière qu'en un jour sidéral son déplacement angulaire est à quatre angles droits dans le rapport exprimé par le sinus de la latitude comptée positivement dans l'hémisphère boréal.*

Lorsque $\lambda = \dfrac{\pi}{2}$, c'est-à-dire au pôle, $W = w$; lorsque $\lambda = 0$, c'est-à-dire à l'équateur, $W = 0$. Ces deux cas particuliers, évidents *à priori*, ont pu donner l'idée de l'expérience très-intéressante dont il s'agit ici.

114. Cinquième exemple. **Chute des corps libres dans le vide.** — Une autre expérience, où l'influence de la rotation de la terre se manifeste et qui a été proposée en 1679, par Newton, consiste à laisser tomber d'une grande hauteur, sans vitesse initiale, un corps très-dense et d'une figure effilée pour diminuer l'effet de la résistance de l'air. Ce corps tombe à une petite distance vers l'est de la verticale du point de départ. Comme dans le cas précédent, le mouvement relatif est dû au poids mg et à la force $-2mwv_r \sin(w, v_r)$. En conservant les axes indiqués au numéro précédent, on voit que v_r très-sensiblement verticale est exprimée par $\dfrac{dz}{dt}$, que $\sin(w, v_r) = \cos \lambda$, et que la seconde force fictive est à très-peu près horizontale et dirigée de l'ouest à l'est. L'équation du mouvement projeté sur l'horizontale Oy est donc

$$\frac{d^2y}{dt^2} = 2w \cos \lambda . \frac{dz}{dt}, \quad \text{d'où} \quad \frac{dy}{dt} = 2wz \cos \lambda ;$$

tandis que suivant la verticale on a très-approximativement $z = \dfrac{1}{2} gt^2$. Ainsi,

$$\frac{dy}{dt} = wgt^2 \cos \lambda, \quad \text{d'où} \quad y = \frac{1}{3} wgt^3 \cos \lambda = \frac{2}{3} w \cos \lambda . z \sqrt{\frac{2z}{g}},$$

Cette distance à la verticale a été observée à Freyberg dans les circonstances suivantes : hauteur de chute $z = 158^m,5$; $\lambda = 51°$. En faisant $g = 9,81$ et $w = \dfrac{2\pi}{86164} = 0,0000729$. on trouve $y = 0^m,0276$; l'expérience a donné $0^m,0283$.

FIN DE LA DYNAMIQUE D'UN POINT MATÉRIEL.

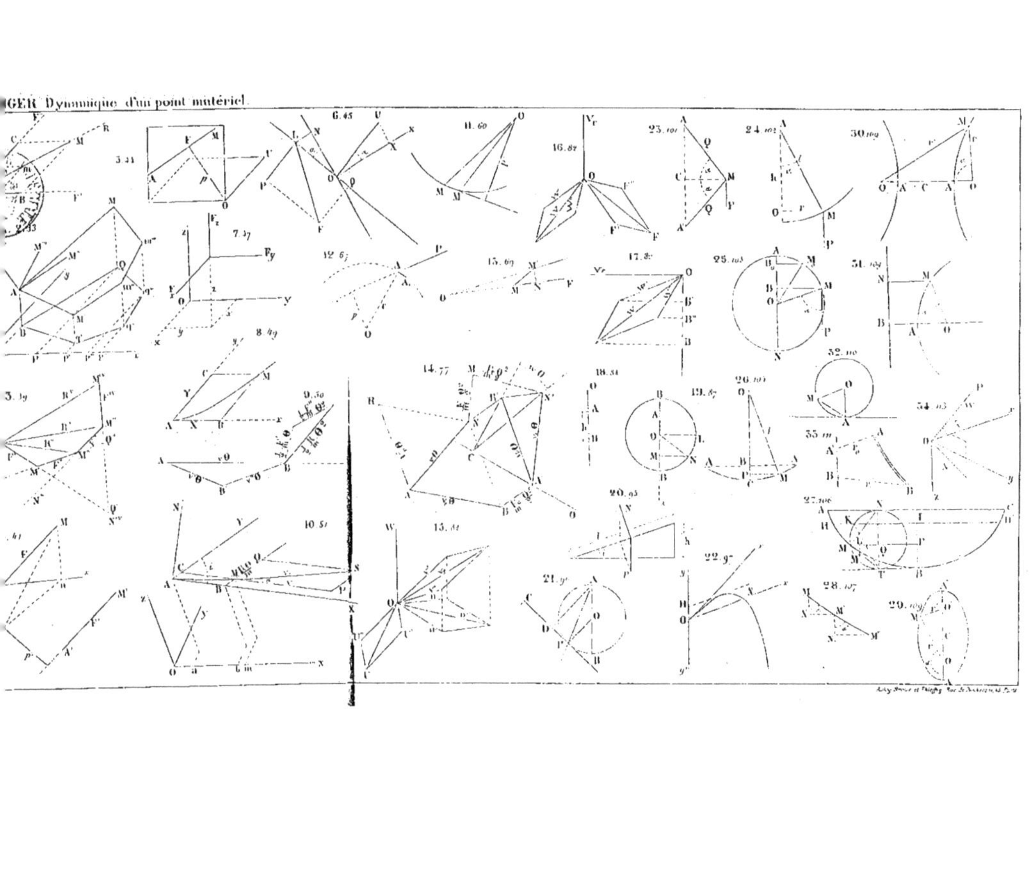

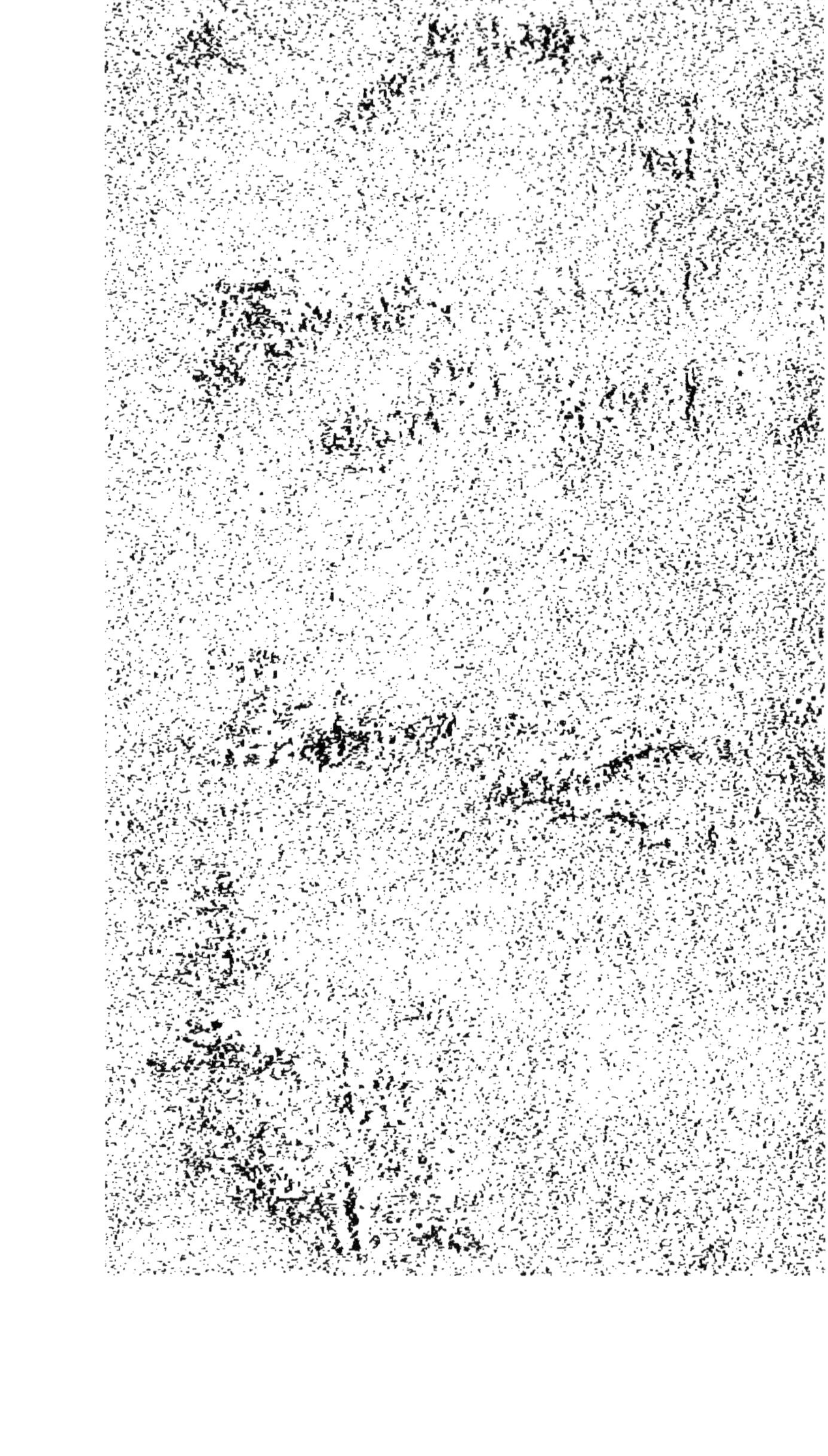